投影寻踪耦合学习方法及应用

——评价 预测 决策

张欣莉 王顺久 著

化学工业出版社

·北京·

内容简介

本书采用先理论方法后实践应用的方式进行撰写，系统介绍了投影寻踪基本原理、统计学习方法及其多场景应用案例，为多方法耦合提供新思路，为复杂数据挖掘提供新方法，为数据科学问题解决提供新应用。全书内容包括投影寻踪研究进展综述、投影寻踪耦合学习原理、投影寻踪耦合学习算法、投影寻踪聚类耦合学习、投影寻踪回归耦合学习、投影寻踪函数型耦合学习、投影寻踪耦合学习评价、投影寻踪耦合学习预测和投影寻踪耦合学习决策。

本书可作为统计学习、数据科学和工程应用方向的研究及实践工作者的学习参考书。

图书在版编目（CIP）数据

投影寻踪耦合学习方法及应用：评价　预测　决策/
张欣莉，王顺久著 .—北京：化学工业出版社，2024.4
　ISBN 978-7-122-44990-0

　Ⅰ.①投⋯　Ⅱ.①张⋯　②王⋯　Ⅲ.①投影-统计模
型　Ⅳ.①O212

中国国家版本馆 CIP 数据核字（2024）第 059125 号

责任编辑：刘丽菲	文字编辑：陈立璞
责任校对：王　静	装帧设计：张　辉

出版发行：化学工业出版社
　　　　　（北京市东城区青年湖南街 13 号　邮政编码 100011）
印　　装：大厂聚鑫印刷有限责任公司
710mm×1000mm　1/16　印张 14　字数 233 千字
2024 年 8 月北京第 1 版第 1 次印刷

购书咨询：010-64518888　　　　　售后服务：010-64518899
网　　址：http://www.cip.com.cn

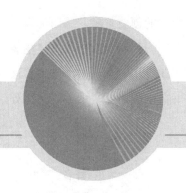

前言

在数字时代，数据已然成为关键生产要素，数据分析方法也在社会经济的智慧化发展中发挥着关键作用。投影寻踪作为处理高维数据的统计方法，自出现以来就受到了理论及应用领域的持续关注，并随着神经网络和智能学习等方法及数据搜集技术的快速发展与时俱进。投影寻踪方法以其思维的先进性形成了"投影寻踪族"的方法体系，成为探索性数据分析的利器，在工程、医疗、经济、环境等诸多领域的分类、识别、判别、评价、预测和决策等方面有着广泛应用。

本书在总结投影寻踪方法研究成果的基础上，基于生产要素再组合的创新发展观，以确定性组合应对不确定性变化的思想，提出投影寻踪耦合学习方法及其应用。从统计学习视角，围绕统计学经典领域，设计投影寻踪耦合学习的具体方法内容；以数据驱动的智能学习技术，给出投影寻踪耦合学习算法；结合多领域的分类、判别、评价、预测与决策的应用需求，示范投影寻踪耦合方法解决实际问题的思路和模型案例。全书分为9章，分别为绪论、投影寻踪耦合学习原理、投影寻踪耦合学习算法、投影寻踪聚类耦合学习、投影寻踪回归耦合学习、投影寻踪函数型耦合学习、投影寻踪耦合学习评价、投影寻踪耦合学习预测、投影寻踪耦合学习决策。其中第1、5、6、8、9章由张欣莉撰写，第2~4、7章由王顺久撰写。

本书针对数据特征混合的复杂性，提出了耦合学习思维及路径，通过理论→方法→应用拓展的方式呈现。书中实例涉及工程、医疗、水资源与环境等领域的定量分析，可为相关领域开展评价、预测与决策工作提供工具方法。本书可作为数据科学、商业分析和工程学等领域的参考书。

感谢数字化时代带来的机遇与挑战，感谢先贤们的创新贡献，感谢编辑部的努力付出，感谢学生们的探索与实践，感谢家人们的鼓励支持！本书是笔者在已有研究基础上，结合国内外最新理论进展和实践应用写成，书中借鉴了诸多学者的观点及方法精髓，在此深表谢意。因本书突出应用性，书中不足之处敬请读者谅解，恳请批评指正与交流。

著者

2023 年 12 月

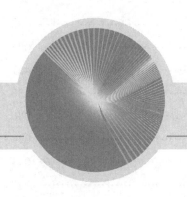

目录

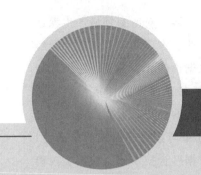

第1章

绪 论

　　投影寻踪方法是处理高维数据的一种探索性统计方法。近年来，随着计算技术和计算能力的发展，并与其他方法交叉为投影寻踪方法提供了可持续发展的耦合创新路径。基于耦合思维不断创新的学习方法称为投影寻踪耦合学习方法。投影寻踪耦合学习方法发展的基础在于统计数据的丰富性、研究方法的多样性以及研究需求的共享性三方面带来的根本性变化。本章将从数据挖掘的多方法融合共享的创新思维，梳理投影寻踪耦合方法及应用领域的文献，归纳投影寻踪方法的产生、创新发展与融合创新再发展三个阶段，从耦合思路、耦合内容、耦合方法和耦合路线等方面阐述投影寻踪方法的耦合创新与应用。

1.1　耦合背景

1.1.1　数据特征

　　在 21 世纪，数据已经成为第五大生产要素。如同农业时代的土地、劳动力，工业时代的技术和资本一样，数据成为数字经济和智能时代的核心生产要素。随着数据采集及存储技术的快速发展，各行业的数据呈现爆发式增长，同时依靠数据挖掘的深层次价值需求，逐渐形成了由数据获取、数据存储、数据挖掘、数据增值服务等系列活动构成的数据服务价值链，对所有领域产生深远影响。基于数字化、信息化技术的人工智能赋能工业、农业和服务业是社会经济发展的必然，全流程、全要素和持续性地挖掘数据价值成为各领域可持续高质量发展的必然选择，以上趋势也给数据挖掘方法带来了两方面挑战：一方面，丰富而先进的数据获取技术使得数据呈现巨量化的趋势，数据虽庞大但可获取，数据来源关系复杂，呈现出并行与串行、分布与集总等形式的复杂性；另一方面，全球一体化、产业互通互联背景下的数据融合技术使得数据表现出空间、时间、形态、数量等方面的混杂性，使得数据系统具有大体积、高维度、多模态和动态性的特征。

（1）大体积数据。在特殊基础设施的支撑下，大量数据集形成分布式集群，数据分散记录和存储在诸多跨行业领域的单独节点模块中，体积庞大。预先假设的数理模型已很难应对这种大体积的复杂性，因此探索性数据分析方法成为大数据挖掘非常重要的一个解决路径。但随着数据量的急剧增加，此路径也面临诸多挑战，需要根据大体积特征不断进行数据挖掘方法创新。

（2）高维数据。在大数据分析中，数据类型的多样性与数据分析的复杂性密切相关。经典的统计模型通常假设数据具有一个"高而瘦"的结构，即样本的变量维度数 p 比观测或实验样本个数 n 小得多。但对于许多类型的大数据来说，变量的维度数 p 要比观测样本数 n 大得多，即 $p \gg n$，变量个数 p 和样本量 n 之间这种违反直觉的大小关系可能使得传统分析方法彻底崩溃。例如，在为每一个节点分配一个参数的网络模型中，假设该网络具有 $n \times n$ 个可能边，那么就有 $p = n$ 个参数，模型参数多；同样，在高光谱遥感图像数据中，可能有成百上千个光谱波段，但只有非常少的训练样本数量，波段与样本数量之间差异大。再如，基因学家仅在 $n = 1092$ 个个体中就获得了 3800 万个单核苷酸多态性的数据，维度与样本个数失衡现象显著，数据挖掘统计方法面临"维数灾害"问题。

（3）多模态数据。数据从结构形态上分为结构化模态数据和非结构化模态数据。前者有统一的量化标准，如数量、标量等，而后者指图像和语义等较难统一标准量化的数据。融合后的大数据是将几个结构化或/和非结构化数据集拼接在一起而获得的。这种类型的数据具有非常复杂的异质非线性结构，给处理简单数据类型的统计挖掘方法带来了新的挑战。

（4）动态数据。在许多生产服务领域，数据之所以"大"是因为多个行业都实现了快速而不间断的数据收集，如自动驾驶下的场景环境适时数据，工厂设备仪器的连续运行数据，或者在线流媒体的服务数据，在线交易股票数据，逐日气温数据和逐日患者诊疗数据等。以上不间断、连续性数据会随着生产、生活和生态的不停运转而不断产生，这种数据的动态性给统计分析方法带来了无限挑战。

随着数字化技术的快速发展，数据获取成本要比数据分析成本更低，而面向数据特征混杂性及形态复杂性，将大数据转化为信息知识的难度与数据复杂性密切相关，因此在数据成本与数据复杂性的驱动下，传统统计方法与智能优化、网络技术耦合发展起来的统计学习成为其中的重要创新力量，是数据感知、认知和决策领域的关键方法。特别是具有非线性、智能化耦合、高维度和动态特征适应性的统计学习方法成为创新高地，开辟了人工智能赋能、大数据驱动的统计学研究新领域。

1.1.2 统计学习

统计学习是从训练观测样本数据出发，获得一些不能直接通过统计学原理分析得到，但能运用基于统计学原理的人工智能计算方法得到的数据特征规律，并利用这些规律来分析客观对象，对客体未来规律进行估计及预测的一类统计方法驱动的机器学习方法。

统计学习既注重统计学原理的理论驱动，也注重数据挖掘对象的现实需求，后者构成统计标识。统计学习可分为有监督学习和无监督学习，统称为标识学习，也称为特征学习或深度学习。其目的在于揭示数据中隐藏的复杂特征结构，这种结构可能是散布的、聚集的、相关的和独立的。统计学习的数据挖掘方法既与统计原理紧密结合，又与观测数据类型、数据复杂性和数据应用场景有密切关联。大数据给统计学习提供了很大的机会，但也带来了更大的挑战，尤其是相对于原来主要用于分析较小数据集的统计方法而言。

因此，统计学习本质上是在传统统计方法的基础上针对观测数据特征的耦合学习创新。基于耦合性和学习性，统计学习方法的学习形式和耦合方式呈现出多元化发展的趋势，并处在不断创新迭代中。针对具有高速特征的大数据，采用分布式学习的处理策略，循序渐进地学习，并采用并行处理数据的技术方式，要么是根据任务设计数据并行分布，要么是依据数据是否允许其他访问而形成串行连续数据流。当数据集太大而无法装入内存或者无法处理时，就采用分布式学习的解决方法，通过在分布式机器上分模块单独运算，然后对机器上的单模块计算结果进行平均集总、串行集总或混合集总的耦合方式实现大数据处理。

　　这种数据融合下的统计学习耦合方式采用集总式还是分布再集总式，要依据具体问题、数据条件和计算能力来选择。图 1.1 显示了一个简单的分布式学习耦合逻辑。学习主模块由两个子模块支撑，子模块与主模块进行信息沟通，从而实现两个子模块之间的沟通；而两个子模块之间相对独立，不直接进行信息沟通。

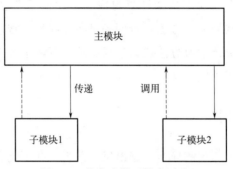

图 1.1　分布式学习耦合示意

　　除学习形式外，面对大数据的统计学习方法还面临许多其他细节微观问题，如数据清理，特别是文本语义等异构数据；可视化与降维，通过低维度特征观察高维度数据特征，数据稀疏与正则；在非凸下的参数优化等。其中，数据降维和学习模型的参数优化是统计学习的另一个重要研究方向，也创造了与其他统计方法形成协同处理特征混杂数据新方法的耦合机会。

1.1.3　耦合创新

　　"耦合"是对象之间相互连接的一种度量，来源于对复杂系统的处理方式，有时也与"组合""混合""综合""协同""迭代""采纳"等词语有着相近的内涵。从某种意义上来说，耦合更像是一种思维方式，也承载着解决不确定复杂问题的具有创新性的行为范式。基于数据形态、数据分析方法和智能优化算法等方面的快速积累发展，并在多元融合、交叉创新和共享协同的大时代背景下，多方法的耦合（融合）创新成为必然之路。这种耦合思维可为认知复杂数据对象的深度规律提供新方法，同时也可为人机互动和数据驱动的理性决策提供工具。从耦合应用视角来看，耦合表现为多方法耦合、人机耦合以及方法与应用耦合等演进过程。具体的耦合方式及其实现过程等细节将在后续章节结合投影寻踪的耦合研究来详细阐述。

面对数据特征混杂，耦合成为解决之道路，作为处理高维数据特征的有效方法，投影寻踪以其天生的耦合气质完成了一次、二次甚至是三次创新发展的耦合历程，可以说投影寻踪方法体系的创新发展也体现了基于耦合创新思维的发展过程，在耦合形式、耦合机理、耦合算法及耦合应用方面为耦合之道提供了典型示范。

1.2　耦合历程

1.2.1　思想产生

对高维复杂系统的研究，必然面对"维数灾害"问题，即在高维空间中，数据将散布为稀疏的点，很难满足统计特征的计算要求，因此对于高维复杂数据系统，降低系统维度是解决之道。如主成分分析方法就是降低维度的方法之一[1]。投影寻踪也是一种解决高维问题的统计方法，其出发点是将高维问题映入低维空间后再进行统计研究，并且该方法很快成为解决高维问题的典型好方法。投影寻踪是降维理论及应用研究中的佼佼者，在高维数据的统计领域拥有重要的地位[2]。

广泛而深入的认知要求进一步探究系统复杂性特征，其中高维性作为系统特征之一，是多元分析方法关注的内容。传统的多元分析方法是建立在假设总体服从正态分布的基础上，有了此假设，只要考虑与样本均值和协差阵有关的统计量，就可以得到既简便又具有优良性质的统计方法。但在实际问题中许多数据并不满足正态分布的假定，要用稳健的或非参数的方法来研究。当维数较高时，统计方法遇到了以下困难[3]：

首先，由于维数增加，方法在实际应用时计算量迅速增大；其次，当维数较高时，即使实测样本量很大，散布在高维空间中仍很稀疏，有些区域是空的，Bellman 称为维数祸根[4]。举例来说，如果在 10 维的单位超立方体中均匀分布着一些数据，将空间划分为 10^{10} 个小立方体，即使有一万个数据点，平均每百万个小超立方体中也只有一个点，多数空间是空的，用空间中每一点附近的样本来构造估计量的非参数方法很难运用。另外，在低维空间中运用很好的统计方法到了高维空间时，稳健性就变差了，不能取得良好的计算效果。

针对以上问题，统计学家提出了研究非正态高维数据的统计方法，称为投影寻踪。投影寻踪产生的另一背景是一种非常直观的、无太多深刻道理来观察数据的思想。对于一维和二维的数据结构，常常采用直方图来了解数据的特征，例如在非正态概率分布中，描述流域设计断面洪峰的皮尔逊Ⅲ型分布可以在平面上直接绘出，并且可以通过观察这些平面图形的变化趋势来判断已有或未来数据的结构。虽然这种观察方式非常粗糙，但也能为进一步研究数据规律提供启示。当数据维数大于 4 时，无法用肉眼直接观察数据结构，需要将原始数据投影到可以观察到的空间维上，即 1～3 维，通过在低维空间的观测来看数据在高维空间的结构。在科学研究中，常常也有类似的做法，比如在研究多个变量与一个变量的关系时，可以先挑选其中的几个变量与一个变量进行研究，然后再挑选另外的变量逐一研究。这种直观看数据的想法成为投影思想产生的自然力量，而后者更加直接。

投影寻踪是用来处理和分析高维数据，尤其是来自非正态总体数据的一类统计方法[5]。其基本思想是把高维数据投影到低维子空间上，寻找出能反映高维数据结构或特征的投影，以达到研究分析高维数据的目的。

投影寻踪思想的根本在于找到观察数据结构的角度，即数学意义上的线、平面维或整体维空间。将所有数据向这个空间维投影，可得到完全由原始数据构成的低维特征量，反映原始数据的结构特征。投影寻踪思想的关键是寻找低维投影方向，并在该方向上使用传统统计方法，其实质是"投影＋传统统计方法"的组合创新。投影寻踪研究进展表明，正是基于这种非常朴素的采纳创新迭代的思想，投影寻踪解决了相当一部分复杂高维问题。

投影寻踪思想萌芽于 20 世纪 30 年代，投影寻踪方法正式出现是在 20 世纪 60 年代末、70 年代初。为了发现数据的聚类结构，1969 年[6] 和 1972 年[7]，Kruscal 首先使用投影寻踪方法，把高维数据投影到低维空间，然后通过数值计算，极大化一个反映数据聚类程度的指标，从而找到了反映数据结构特征的最优投影。1970 年，Switzer 等[8] 也通过高维数据的投影和数值计算解决了化石分类问题。1974 年，Friedman 和 Turkey 用数据的一维散布和局部密度的积构造了一类新投影指标，用来进行一维或二维情形下的聚类和分类，并利用这个新指标成功分析了计算机模拟的均匀分布随机数的散布结构、单纯形顶点上的高斯分布以及有名的鸢尾花聚类问题。他们将此方法命名为投影寻踪，同时领导编制了一个计算机图像系统 PRIM-9，用来寻找数据聚类、散布的超曲面结构。

在投影降维思想的基础上，20 世纪 70 年代 Friedman 正式发展了投影寻踪方法（projection pursuit，PP）[9]，成为统计领域理论及应用研究的重要内容之一。此后统计学家努力发展出若干重要的投影寻踪分支[10,11]，涉及投影寻踪聚类、判别、主成分分析、回归、学习网络、密度估计、时间序列等，几乎涵盖统计经典领域的全部范畴，有着广泛的理论和应用空间。

1.2.2　一次创新

20 世纪 80 年代，关于投影寻踪方法的一系列研究成果在理论与应用研究领域引起了重视。1979 年在美国数理统计学会年会上，数据分析专题组织者 Huber 邀请 Friedman 做了关于投影寻踪的报告，成为投影寻踪理论研究的引子，随后相继派生出投影寻踪回归[12,13]、投影寻踪分类[14]、投影寻踪密度估计[15] 等方法。1981 年，Donoho 提出了用申农熵来定义一个投影指标[16]。同年，Li 和 Chen 等[17] 用投影寻踪方法给出了散布阵和主成分的一类稳健估计，并讨论了其统计特性。另外，有许多统计学工作者还讨论了关于投影寻踪指标的几个问题[18,19]。

1985 年，应《统计学年鉴》杂志的邀稿，Huber 发表了关于投影寻踪的综合性学术论文[20]，并附有从事这一研究的理论工作者的讨论文章。至此，初步建立了投影寻踪在统计学中的独立体系，大大推动了此方法的深入研究和实际应用。从投影寻踪的理论与应用研究来看，主要涉及投影寻踪聚类、投影寻踪回归、投影寻踪密度估计以及投影寻踪学习网络等方面的内容。

（1）投影寻踪聚类。1936 年，Fisher[21] 在研究鸢尾花数据的判别问题时，开创了线性判别分析思路，其实质是一种投影寻踪算法。1970 年，Switze[8] 对牙买加化石数据进行分类时，引入了 Fisher 的上述思想，提出投影寻踪聚类设想。1974 年，Friedman 和 Turkey 明确地提出了投影寻踪思想：首先将数据集投影到低维子空间上，然后对投影得到的低维构形，利用计算机找到使定义好的投影指标达到极大的一个（或几个）投影方向（或平面），同时给出直线（或平面）上的数据投影，用计算机图像系统显示出来，最后用肉眼直接判断数据结构。以上一系列有代表性的研究为拓宽投影寻踪在实践中的应用提供了基本思路。

之后，投影寻踪聚类方法被广泛用于模式识别领域。其基本思路是利用投影寻踪压缩和提取系统的高维特征量后，再对系统模式进行识别。文献 [22] 的研究证明，利用投影寻踪技术压缩高维特征的空间维数后，更有利于识别高维系统模式；文中还构造了一个便于实现的投影指标，同时给出了寻找投影方向的新途径。文献 [23] 利用了投影寻踪技术帮助海军沿着一致有利的路线到达目标点，即使由于位置测量存在误差，投影寻踪方法仍能排除干扰，给出稳定的方向解。文献 [24] 采用投影寻踪的思想构造稳健协差阵，建立了一种新的能抗异常值干扰的稳健判别方法，新方法的计算结果不易受异常值干扰。文献 [25] 提出的投影寻踪聚类树是最近发展起来的方法，针对数据维数增多采用了聚类学习方法进行数据特征分类识别。

以上研究表明，投影寻踪聚类方法为多元数据分析方法的实践提供了一种新思路，在某些方面取得了优于传统方法的良好效果。

（2）投影寻踪回归。Friedman 等在投影寻踪方法产生初期就意识到了其处理高维数据的优势，因此将投影寻踪方法引入多元回归分析，建立了一种非参数广义多元回归分析方法，在一定程度上克服了维数灾难的问题，取得了相当满意的预测效果。M. C. Jones 和 Robin Sibson 在 Friedman 思想的基础上，不仅给出了投影寻踪的实施框架，还扩展性地给出了投影寻踪回归和密度估计[26]。1989 年，Hall 撰写了以投影寻踪回归（projection pursuit regression）为标题的文章[13]，重点讨论低维密度逼近的多项式函数，开始了投影寻踪思想与样条函数结合的参数投影寻踪回归方法的研究。

应用研究中，投影寻踪回归在水文气象领域特别是水文预测中取得了引人注目的成绩。1988 年，邓传玲[27] 开发形成投影寻踪回归程序，之后，杨力行、郑祖国[28] 在此工作的基础上，根据非参数投影寻踪回归思想研制了投影寻踪回归分析软件包，在预测、优化等领域取得了丰富成果。他们认为气象干旱势情变化是多因子影响下的一个系统响应输出，一旦找到这些影响因子便可构造多元回归预报模型，因此从物理成因上分析影响新疆春旱的若干因素，然后用投影寻踪回归技术建立新疆春旱长期预报模型，取得了优于传统多元回归方法的预测效果。研究结论认为投影寻踪回归技术可以作为水文预测的一种新手段。

用于水文预报的另一类统计模型是时间序列投影寻踪自回归模型。当相关影响因子资料较少时，此方法可发挥良好的作用。投影寻踪自回归和多维混合回归模型属于一种非线性时序分析模型，将其用于长江寸滩到宜昌河段的洪水演算，仅根据上下游站的流量资料，不必使用区间雨量资料，就可给出预见期为48～72h的复杂长河段洪水预报。该模型充分利用了河道洪水自身演进的规律，开辟了河道洪水演算方面的新途径。

在长江中下游旱涝灾害趋势预测中，李祚泳利用投影寻踪回归技术给出了旱涝灾害的旱、正常、涝三类变化类型的预测[29]，所选用的物理相关因子为太阳黑子活动，以及旱涝的一步、二步转移概率；并且建立了该流域旱涝趋势的反向传播式神经网络模型。比较两种模型的预测效果，投影寻踪回归模型的拟合和预测检验效果均优于反向传播式神经网络模型。另外还发现，如果能选出旱涝相关性好且具有明确物理意义的因子，可获得更理想的效果。从投影寻踪在水文预测中的应用以及与一些传统方法的比较结果来看，投影寻踪回归模型具有较高的精度。投影寻踪回归中局部组合、整体调整的策略更有利于系统复杂问题的研究，尤其是对于非线性、非正态的多元数据预测分析，体现出其优势和适应性。

李祚泳[30] 还将投影寻踪回归方法成功用于环境预测以及环境影响因子的污染作用分析等方面；史久恩等[31] 将投影寻踪方法用于气象研究，指出这是一条新的、有用的途径。田铮等[32] 将投影寻踪回归分析方法用于导弹目标追踪问题的研究，由于高维特征量压缩与提取是声呐目标信号分类首先要解决的关键问题，他们基于投影寻踪理论提出了采用投影寻踪压缩与提取，进而分类的理论和方法；将此方法用于实测数据，结果表明其是降低特征空间维数，正确进行分类的行之有效方法。

（3）投影寻踪密度估计。1984年，文献[15]以投影寻踪密度估计为题给出了在投影寻踪思想基础上的密度估计方法；1987年，文献[33]重点讨论了投影寻踪思想下的总体密度估计问题。1999年，文献[34]给出了投影寻踪模糊密度估计方法；2005年，文献[35]提出了投影寻踪混合密度估计方法。以上关于投影寻踪密度估计的研究不仅为多元密度估计提供了新方法，也为投影寻踪后续耦合研究创造了函数基础，提供了理论扩展的很多可能。

1.2.3 二次创新

20世纪90年代以来，随着可加函数理论[36]、神经网络理论和智能算法理论的联合发展，投影寻踪方法进入投影寻踪学习时代，关于投影寻踪的耦合学习理论及应用研究取得阶跃式进展，先后出现了基于前馈反馈式神经网络学习的投影寻踪[37]、基于赫布学习规则的投影寻踪[38]、基于多维技术的投影寻踪网络学习指标[39]等方面的研究。21 世纪初，随着智能算法的引入，以投影指标为优化目标函数，出现了基于遗传算法和粒子群算法的探索性投影寻踪学习方法[40,41]；在基于粒子群、蚁群和遗传算法的投影寻踪智能算法比较研究中[42]发现，遗传算法具有领先优势。以上新技术、新理论的引入使得投影寻踪原理与经典统计方法、现代网络技术和算法技术的耦合创新取得了丰富的成果[43]，极大增强了投影寻踪方法应用范围的适应性和集成优势。由于智能算法的推动，结合智能算法的投影寻踪丰富了高维度复杂问题的系统解决方案。投影寻踪方法体系作为一个数据驱动的有效方法，在目前大数据时代结合人工智能技术，将在诸多方面展现强劲的理论创新及应用前景。下面主要根据文献重点介绍探索性投影寻踪、网络投影寻踪回归、时序投影寻踪、函数型投影寻踪、投影指标及优化算法以及其他投影寻踪耦合方法。

（1）探索性投影寻踪。1993 年，文献［44］在 Friedman 和 Hall 提出的"最小正态结构"的投影指标基础上给出了多项式逼近项数的确定方法，同时改进了 Friedman 的优化流程，给出了探索性投影寻踪新算法；1995 年，Colin Fyfe 在网络结构的基础上，以"最小正态结构"指标及其优化的思想开展了一系列基于网络技术的探索性投影寻踪研究。文献［45］运用网络的负反馈技术，借助远离高斯分布结构的投影寻踪指标优化，建立了新的探索性投影寻踪网络方法，该方法能发现以前尚未发现的高维数据结构；文献［46］提出基于网络负反馈自组织和赫布学习规则相耦合的探索性投影寻踪，实现了非线性主成分分析；文献［47］比较了 BCM 神经元与负反馈神经元下的两种探索性投影寻踪，结果发现后者具有更广泛的适应性。文献［48］给出了一种改进的投影寻踪指标算法；2017 年，文献［2］在赫布学习投影寻踪的基础上提出了 Beta 赫布学习的投影寻踪；文献［38］同样运用 Beta 分布拟合网络残差导出了基于赫布学习规则的探索性投影寻踪算法，取得了新研究成果；文献［49］讨论了一些特殊情形下，如稀疏型探索性投影寻踪的改进策略；文献［40］给出了基于智能学习算法的探索性投影寻踪。

探索性投影寻踪研究的重点在于投影寻踪指标的选取及其优化，是基于"最小正态结构"原则的投影指标及其探索性算法的实现研究。探索性投影寻踪学习算法的实现包含传统统计优化和网络优化两种方式，在网络耦合新的学习规则后拓宽了探索性投影寻踪的范围和应用。

（2）网络投影寻踪回归。从国内的情况来看，对投影寻踪方法的应用研究是较薄弱的。在国外，自投影寻踪方法出现以来，引起了许多领域学者的重视，包括应用统计和神经网络研究方面的学者。在 Barron[50] 倡导的统计学习网络思想下，许多研究神经网络的学者将投影寻踪回归思想引入网络学习中，改变了前馈型神经网络中常用的算法以及神经元函数形式，提出了基于投影寻踪回归学习策略的投影寻踪学习网络（projection pursuit learning network，PPLN）。其实质是一种更广泛意义上的网络回归模型。

Maechler[51] 和 Hwang[52] 对比研究了人工神经网络（ANN）和非参数投影寻踪学习网络（PPLN）的学习策略与网络结构，分别用这两种模型模拟了 5 种不同类型的二维函数。模拟结果表明，在同一精度下，PPLN 的训练速度比 ANN 快出几十倍；在训练的精度方面，就平均水平而言，ANN 稍优于PPLN，主要原因是建立模型的样本个数有利于 ANN 的参数估计，而不能满足 PPLN 的非参数估计。通过对比研究，他们明确指出了 PPLN 的学习策略是优于 ANN 的。Hwang 等采用新模型对六个函数的模拟试验表明，新模型具有更好的收敛速度和计算精度，以及较少的神经元个数；在解决两螺旋问题时，也有同样的结论。将其用于混沌时间序列预测，也取得了优于级联相关网络模型的效果。

由于非参数估计方法尚不完全成熟，且应用时有诸多不便，虽然其使用面广，但解决一些很复杂的问题时具有一定的局限性，因此以参数神经元函数为主的 PPLN 模型依然是主要发展方向。Hwang 给出了一种参数 PPLN 形式，成为参数 PPLN 模型中的代表，并且研究和对比了两种解决回归问题的模型，即人工神经网络中含一个隐层的反馈（BP）神经网络和以统计学为基础的投影寻踪学习网络。从比较的结果可以看出，反向传播学习策略与投影寻踪学习策略存在明显差异。从用一个隐层的 BP 网络和投影寻踪学习网络分别对五种类型函数的逼近效果来看，投影寻踪学习策略更优，取得的逼近效果更好。Hwang 从模型精度、吝啬程度（指使用神经元个数少、隐层数少）和学习速度三方面进行了细致比较，发现基于非参数（基于超级平滑）的投影寻踪学习网络的学习精度优于 BP 学习网络，而参数 [埃尔米特（Hermite）多项式]投影寻踪学习网络优于非参数投影寻踪回归模型；相同精度下，参数投影寻踪学习网络要求的神经元个数少于 BP 学习网络和非参数投影寻踪回归模型；在所有模拟试验中，BP 学习网络与投影寻踪学习网络都可以达到在 100 次循环后收敛，两种模型具有相当的收敛速度。总的来看，参数投影寻踪学习网络优于 BP 学习网络，并在多个方面较非参数投影寻踪回归模型显示出优势。

Zhao[53] 用投影寻踪学习模型学习机器人手臂的反向动力变化规律,证明了投影寻踪回归的分组学习策略在应用时的有效性,认为参数投影寻踪回归较非参数投影寻踪回归具有较高的精度和收敛速度,而且参数投影寻踪用较少的参数可以取得较一个隐层的 S 型神经网络模型更高的精度,并给出了含一个隐层的神经网络模型的参数个数计算式 $N \approx pd$(p 为隐含节点数,d 为输入空间的维数),以及投影寻踪模型的参数经过分组后,其神经元个数的计算式。可以看出,投影寻踪学习要求的参数数目实际上少于一个隐层神经网络的参数个数。

Kwok[54] 对 Hwang 等的参数投影寻踪学习加以改进,在模型中增加一个偏差项,建立了与 BP 网络模型同样的网络表达式,并证明了新的网络模型具有更好的收敛性。Yuan[55] 用投影寻踪学习为高维小样本序列设计了一个神经网络,将投影寻踪的思想与切片逆回归(slicing inverse regression,SIR)的统计思想联合,建立了快速投影寻踪学习模型,并将其用于短期负荷的电力预测,取得了满意成果,证明投影寻踪学习对解决小样本问题有许多优势。

2000 年,张欣莉等[56] 将实数编码的遗传算法引入投影寻踪聚类[57] 和回归学习[41],并运用基于遗传算法的投影寻踪学习网络在水资源、水环境和工程等领域形成了一系列丰富的研究成果,带动了国内相关领域的应用研究。

(3)时序投影寻踪。文献 [58] 在投影寻踪回归的基础上给出了时间序列投影寻踪自回归。文献 [59] 在神经网络结构的基础上发展了多维非线性投影寻踪自回归网络学习方法。以上模型体现了既考虑因变量自身发展规律又考虑协变量对其影响的耦合建模思想,适应高维时序特征混杂的数据挖掘需求,是投影寻踪耦合研究的一个重要方面。

(4)函数型投影寻踪。2010 年以来,函数型投影寻踪成为新的研究领域。文献 [60] 研究了稳健函数型主成分分析的投影寻踪方法,将稳健投影寻踪与几个平滑方法进行组合;文献 [61] 面向函数型数据开展了对投影寻踪主成分模型的影响函数研究,该函数是将模型指标稳健性与函数型数据特征相耦合,基于此影响函数设计来投影指标从而给出了针对函数型数据分析的投影寻踪方法;文献 [62] 针对函数型数据的正态检验需求,提出了基于投影寻踪方法的正态检验方法(首先将函数型数据进行投影,然后再进行正态拟合优度检验),该方法实现了投影寻踪方法在函数型数据分布检验中的典型应用。函数型数据分析的基本思想是将函数型数据进行投影,由于投影寻踪处理高维数据的思维与函数型数据分析的思维具有某种程度的相似性,为两者的耦合创造了基础条件。随着多变量时序截面数据的增多，函数型投影寻踪方法呈现出新的应用潜力，能与数据降维方法耦合形成处理多维复杂时间序列数据的新方法。

（5）投影指标及优化算法。投影寻踪建模可以转化为对投影指标的优化问题，随着方法耦合研究的深入，投影寻踪指标的研究越来越重要，投影指标的质量决定了投影建模的质量和适应性。相对于初期的投影寻踪指标，目前的研究重点关注投影寻踪指标是否能发现离群点影响下的稳健投影。文献［63］给出了考虑离群点的多个稳健投影指标；文献［64］提出了峰度系数的投影指标；文献［65］提出了优化峰度投影指标的快速简单方法；文献［66］以熵构建投影寻踪指标给出了相对熵最小化的投影寻踪方法；文献［67］在 Li 和 Chen 的研究基础上给出了特征矩阵、特征根和离差矩阵的影响函数，构建了稳健投影寻踪指标；文献［39］给出了基于偏度的投影寻踪指标及优化方法；文献［68］以熵作为投影指标给出了优化系列投影的算法；文献［11］针对投影寻踪回归的投影寻踪指标讨论了拟合函数参数与投影方向参数之间的逼近关系，明确了投影寻踪多指标的优化流程，推导了优化指标的逻辑。2000 年，文献［68］提出采用遗传算法优化投影寻踪方向，以投影指标作为优化目标函数，将智能优化算法引入目标函数的优化研究中。之后，又出现了基于遗传算法和粒子群算法的探索性投影寻踪学习研究[40]，其所开展的基于智能优化算法的投影寻踪方法比较研究结果，表明遗传算法具有领先优势。在针对多个类型的投影寻踪指标优化中，智能优化算法成为投影寻踪研究的重要基础领域，目前研究已呈现出适应数据特征变化的耦合优化趋势。

（6）其他耦合研究。除了上述主要耦合形式外，投影寻踪耦合方法还用于其他一些领域。主成分投影寻踪研究中，文献［69］针对传统因子分析方法易受异常值干扰的缺陷，采用稳健 M-估计和投影寻踪方法求解稳健相关阵，提出了一种新的可抗异常值干扰的稳健因子分析方法；应用表明，当数据中含有少量异常值时，此方法可抗异常值干扰，优于传统因子分析方法。文献［60］提出了函数型投影寻踪主成分分析；文献［70］讨论了多元中位数估计中的投影中位数的鲁棒性及渐进性，推导了一个用来约束最大偏差和污染灵敏度的投影中位数的影响函数，给出了投影中位数的渐进估计方法；文献［71］提出了模糊投影寻踪神经网络耦合模型，以模糊函数作为神经元实现回归逼近，是投影寻踪耦合模型的新途径。投影寻踪方法的研究发展表明了此方法的应用价值，它能适应形式灵活的网络技术要求，对于不同研究对象可以采用各种形式的逼近函数，是探索复杂系统规律的有效方法之一。

自 1936 年 Fisher 提出初步投影寻踪思想以来，投影寻踪经过近 100 年的发展历程，可分为两个主线：一个是统计方法的理论研究；另一个则是自然社会经济中的现实应用。从投影寻踪的理论研究方面来看，该方法经历若干阶段的进展，已经形成了投影寻踪原理、投影寻踪聚类、投影寻踪回归、投影寻踪密度估计、投影寻踪统计学习网络、投影寻踪聚类回归网络等理论体系，涵盖统计方法理论研究的重要方面，影响广泛。在现实应用中，投影寻踪已被广泛用于化学、建筑、水利水电、农业、医学、经济与管理学等各个学科领域，特别是在模式识别、综合评价、多元预测与判别分类等方面[72] 形成了解决现实问题的能力。

1.2.4　创新趋势

从现有研究来看，投影寻踪方法在高维数据挖掘中有着广泛的应用。应用结果分析表明，投影寻踪方法理论起点较高，思路新颖，在解决参数估计的高维问题时，较之常规多元分析方法的确表现出一定优势，并且具有能与其他方法进行融合协同的显著优势，主要表现为统计耦合学习方法和数据特征的理论及应用适应性。

（1）统计耦合学习方法创新。在投影寻踪统计方法研究中，相继出现了基于传统方法的投影寻踪聚类判别、投影寻踪回归和投影寻踪密度估计等方法；随着计算机科学、人工智能、网络技术和统计学自身的发展，针对多元分析领域的高维性问题，陆续出现了序贯投影寻踪、网络投影寻踪、时序投影寻踪、函数型投影寻踪、高维数据投影寻踪检验（如高维数据离群点检验和高维分布检验）等研究方法。

21 世纪统计网络学习成为研究热点，"投影寻踪＋智能算法＋聚类" 耦合学习成为一种趋势，文献［73］总结了国内近年来在此方面的研究成果，并给出了智能算法选择的建议；国外研究中，在大数据环境下，"投影指标＋网络结构＋智能算法＋聚类"[74] 协同已经成为研究热点，为投影寻踪聚类提供了广阔的空间。但对于回归预测，还需在上述研究的基础上增加拟合函数的非线性逼近耦合研究，这必然带来复杂性的新难题，如参数优化、函数的可加性逼近等。另外，在大数据环境中，更大的挑战在于结构与非结构数据的混合回归拟合，因此迫切需要统计学习领域中投影寻踪思想与相关方法的协同路径。

现实数据分析领域中，在遭遇大数据大样本集时，一方面，计算的难度呈现指数级增加，传统方法面临挑战；另一方面，机器学习算法、神经网络、可加函数逼近有着广泛的研究，这些方法在发挥传统统计方法优势的同时又为克服大数据的挑战提供了机会，并随着统计方法的发展而发展，如新近关于多元中位数、多元函数型数据的统计研究等。因此，多个方法的交叉耦合，实现多元模型的耦合创新及应用成为新趋势，而投影寻踪耦合学习方法在多个领域中也取得了显著成果。

总而言之，投影寻踪耦合学习方法的创新优势在于多个方法模块已经组成了耦合创新的方法元池，可以形成很多种耦合选择的基本条件，在再组合创新的思想基础上，实现应用中的协同耦合创新。基于网络结构的投影寻踪降维研究，可以形成再组合创新的投影寻踪的降维思想及其系列降维方法的投影寻踪耦合学习范式，并针对应用问题为各行业领域提供系统解决方案。

（2）应用范围开拓创新。投影寻踪方法最早提出应用是在化石分类、糖尿病患者分类等领域，之后在地球科学与工程、材料科学与工程、信号处理和生物医学等自然科学领域有了较好的应用[74]。投影寻踪方法在经济管理等人文科学等领域的应用研究尚缺乏，以医疗管理领域为例，随着管理数据的收集与积累，疾病判别、诊疗模式分类、资源耗用量预测等方面的特征混杂数据的统计分析问题突出，也需要一种系统解决管理领域大数据特征问题的耦合方法。耦合方法的应用方面主要体现在高维与动态数据结构下的耦合方法的分类、预测与评价建模研究，如医疗服务中加权神经网络组合预测[75]、粒子群算法投影寻踪耦合预测[76]、耦合神经网络水资源预测[77] 等都是近年有代表性的研究成果。以上耦合建模模式可以归纳为三类：第一类是先针对分布数据建模再组合各方法输出结果的线性加权；第二类是先对输入数据进行降维集总再建模；第三类是分布与集总相结合。总体上，降维是数据挖掘的关键，是方法耦合的重要基础。在大数据研究领域，目前投影寻踪方法主要在数理统计和工程方面有着广泛的应用。但随着经济管理领域数据的积累及对数据价值的挖掘需求增加，在经济管理领域应用投影寻踪耦合学习方法会成为一种趋势。

（3）创新趋势判断。截至 2022 年 11 月，以投影寻踪为主题词，在 Web of Science（WOS）数据库检索到文献 3301 篇；在中国知网检索到文献 2886 篇，其中学术期刊 1950 篇，学位论文 850 篇。WOS 中投影寻踪主题词文献的年度分布见图 1.2，投影寻踪在 MeSH 领域的主题词文献分布见图 1.3，投影寻踪研究方向主题词文献的分布见图 1.4。

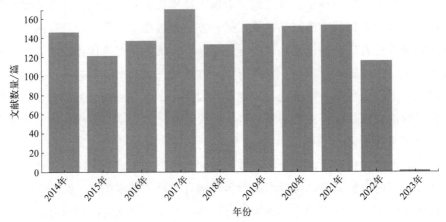

图 1.2   WOS 投影寻踪主题词文献年度分布

从图 1.3 中可以看出,投影寻踪的医学主题词表(medical subject headings,MeSH)文献 1173 篇,超三分之一的文献为医疗领域。

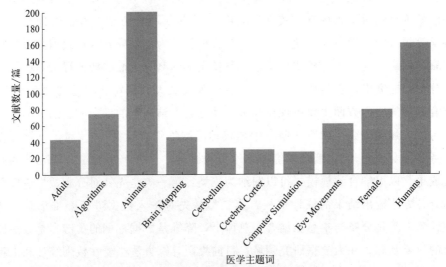

图 1.3   WOS 投影寻踪 MeSH 主题词文献分布

从图 1.4 中可以看出,投影寻踪研究主题词排在前四的是数学、计算机科学、工程学和沟通领域。

在多元数据分析领域,针对各行业领域大数据高维性等特征混杂性,多方法耦合成为解决数据混杂性的主要途径,而投影寻踪基本原理与网络、算法、数据特征、多元统计等方法的深度融合就成为必然趋势。

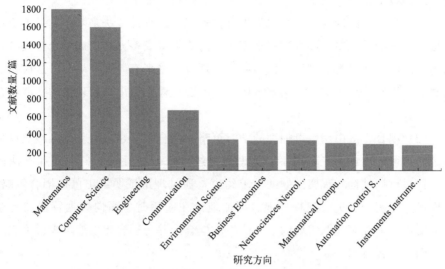

图 1.4 WOS 投影寻踪研究方向主题词文献分布

投影寻踪耦合方法的发展从未停止，也将会继续创新发挥可耦合的优势。

1.3 基本内容

1.3.1 目标

统计方法可在多个领域开展创新应用研究，在应对多种复杂性混杂数据时，"降维与学习方法"是应用统计领域需要研究的关键内容之一。本书主要针对多元统计分析领域的高维数据的混杂性特征问题，面向数据分析领域的现实需求，给出投影寻踪耦合学习方法及其应用成果，以多元统计分析方法为基础总结投影寻踪思想的耦合方法及应用实现路径。随着智能算法、神经网络和高维数据分析方法的发展，创新的统计学习方法为复杂数据特征提取提供了先进理论及方法。面对大数据及多维复杂系统的需求，以高维数据的降维和数据学习的耦合为中心，应用投影寻踪降维的原理及方法，构造多个投影寻踪耦合学习算法，可实现高维大数据特征提取基础上的统计评价、预测及决策的应用，根据应用实例，能为相关领域基于智能学习的问题解决提供研究思路、理论方法和技术路径。投影寻踪耦合学习的关键目标如下：

（1）投影寻踪耦合学习方法的耦合要素识别。统计方法是基于变量的定量方法，在复杂系统中，高维数据集庞大，需要降维及多方法集成耦合解决特定的需求问题，如聚类、判别和回归等，在理解总结现有研究成果和方法应用的基础上，识别投影寻踪耦合的基本要素和组合规律，给出结合理论的实践耦合策略。

（2）耦合方法中函数可加性的学习策略。耦合策略建立的基础是函数可加理论，该可加性理论能解决不同类型函数线性或非线性可加的形式和方法问题，针对数据结构和现实问题的需求约束，通过理论证明给出可加耦合策略，然后通过现实数据进行建模检验。可加理论在应用时可面向数据特征的复杂性，实现根据现实问题需要的多方法精准耦合，并为耦合建模策略提供可靠理论基础及过程技术。

（3）耦合建模中迭代优化的凸与非凸优化耦合。统计方法可用性的关键是模型参数优化算法，这是数据挖掘方法更是统计学习方法建模的难点。开展多函数耦合必然在"大数据＋耦合函数"上面临非凸优化的问题，即可加函数的有限收敛。本书采用确定性优化算法（如梯度下降等）和不确定遗传算法等智能优化算法相结合的参数优化，以两种算法交替使用或并行使用的策略完成了模型参数优化过程。

（4）投影寻踪方法已经形成了系列谱系，如主成分、回归、检验和时间序列，那么谱系方法的多样性与高维数据挖掘应用场景的多元化之间的有机融合，即多个理论方法与具体现实问题之间的逻辑性和创新性转化成为重要研究目标。

在高维数据的统计分析中引入投影寻踪耦合思想，理论上形成了投影寻踪耦合学习的基本原理和若干方法，通过阐述投影寻踪耦合系列方法形成了较完备的投影寻踪数据挖掘方法论；实践上为多领域的管理科学问题的聚类判别、预测和决策应用场景提供了建模案例。总体上，本书从理论与实践两个角度，在投影寻踪与多元统计、高维数据场景的融合研究中执行以下思路。

（1）阐述投影寻踪耦合机理。对混杂特征数据采用耦合思想挖掘数据特征规律是一个基本途径，但耦合方法的创新多依据数据挖掘的需求由数据特征驱动产生，如高维与缺失等、动态与高维等、多模态与大量等。投影寻踪来源于高维数据特征挖掘的需要，在理论和应用方面形成了体系化研究态势，与其他各类方法相比有着广泛开放的耦合适应性和基础优势。具体表现为两个方面：

一是通过多变量的线性投影实现降维后的变量集总，能对每个数据变量特征进行初步挖掘；二是利用多个可加性函数的灵活耦合去再次挖掘数据特征信息。其根源在于投影本身就是一种耦合形式，而寻踪本身也是一种耦合形式，在分布式与集总式耦合思维层面有着显著的优势，可以作为耦合方法研究的基础原理。本书结合具体方法阐述了各数据挖掘方法的耦合机理。

（2）展示理论联系实际的螺旋演进。统计方法在应用时应强调应用的科学性，在定量建模时，急需加强数据挖掘方法与实践应用的沟通而非割裂[78]。定量方法强调结合模型的应用解释，是重要的研究内容，以提升理论方法的应用价值；将统计学习方法类比转化为特定情形的现代数据分析问题，找到理论结合实践的作用点是本书提出的问题解决思路。

（3）创新耦合方法的参数优化算法、策略及技术方案。对于复杂建模问题，将模型方法转化为技术生产力时需要系统的全要素集成。投影寻踪方法的耦合实施是依据投影寻踪原理，结合具体耦合建模的特点，在原理统一的基础上给出个性化的参数优化算法及优化策略，实现耦合技术方案的柔性、精准与可及，并提供可延展的创新空间，达到理论深刻但触手可及的目的。

1.3.2　内容

本书主要从文献与数据、方法与应用、耦合理论三个方面展开论述，核心内容是针对时空数据形式、大数据混杂特征挖掘需求，基于多元统计分析的基础，采用投影寻踪的思维，展开投影寻踪化的系列耦合学习理论、方法及应用。

第一部分：文献与基本理论基础。

第1章，绪论。目前投影寻踪方法的相关理论及应用研究超过千篇，大多集中在统计学、计算机科学和工程领域。本章将梳理投影寻踪研究历史，归纳基本原理和思想，建立投影寻踪耦合学习的理论基础，识别投影寻踪应用的示范场景，为投影寻踪原理引入管理统计方法及应用研究提供耦合理论基础。

第2章，投影寻踪耦合学习原理。简要概述多元统计方法的研究基础，包括离群点检测、多元回归、聚类判别、时间序列、密度估计，以及神经网络，从投影寻踪耦合学习指标、耦合结构形式与学习策略的集成模式三个方面强调所形成的耦合学习理论。在"投影寻踪"思想下概括列出投影指标清单；耦合学习结构上，将根据耦合可加函数的形式，归纳总结投影寻踪耦合函数的学习网络结构形式；耦合学习策略上，由于耦合方法具有多参数、多函数的特点，将依据函数类型开展参数分类研究，并根据耦合结构形式，归纳给出不同结构形式下的投影寻踪耦合学习模式。

第 3 章，投影寻踪耦合学习算法。本章内容建立在遗传算法的基础上，以投影指标作为优化目标函数，给出投影方向参数优化的遗传优化思想和流程，为后续耦合学习模型建立提供算法基础。

第二部分：投影寻踪耦合学习系列方法。

第 4 章，投影寻踪聚类耦合学习。统计分析中往往假设变量的总体分布形式，如正态分布、泊松分布等，总存在若干模式识别的问题，如慢病患者的自我管理模式、特定人群的就诊行为模式等，其本质是一个多变量多阶分类问题，解决问题首先就面临统计变量高维度和共线性的困境。本章采用了投影寻踪的降维思想，给出了探索性投影寻踪聚类方法，设计投影寻踪指标，提出优化投影方向策略，发挥投影寻踪可见的优势；实现对客体对象特征分析的可视化和具象化建模。主要内容包括投影寻踪聚类判别方法及其相关的多维网络探索性投影寻踪、高维离群点检测。

第 5 章，投影寻踪回归耦合学习。系统数据一般都是动态更新的，如门诊患者到达率、河道流量等，这些变量面临多因素影响，本身也具有时滞性、时间间隔不一致和多变量的状态特征，高维时序混杂性的特点。本章通过采用投影降维的思想，耦合时间序列和多元回归统计，给出了基于智能优化算法的投影寻踪耦合学习方法，挖掘多因素影响下多元时间序列的特征规律，用于多变量的回归拟合估计。本章重点阐述了基于网络结构的投影寻踪回归学习、投影寻踪模糊推理学习两个方法。

第 6 章，投影寻踪函数型耦合学习。大数据中存在函数型变量，具有无限维总体性特征，如在医疗服务链中各节点服务量具有上下游传递的关系，如检查检验服务量，受上游多个科室的门诊服务量影响，而每个科室门诊量是一个函数型变量，检查检验服务量特征必然受上游多个科室的函数型服务量影响，因此针对此类函数型数据问题提出投影寻踪函数型学习方法，利用投影寻踪方法对各维度变量的截面数据进行降维后再挖掘多元动态数据规律。本章在函数型统计分析方法的基础上阐述了处理多元函数型变量的投影寻踪函数型耦合学习理论方法。

第三部分：投影寻踪耦合学习方法应用。

第 7 章，投影寻踪耦合学习评价。各行业领域对基于大数据的多指标多属性综合评价方法有着广泛的需求。根据样本数据的有监督或无监督学习评价特点，投影寻踪方法可以分别给出基于聚类、判别及回归的综合评价方法，并可根据样本数据的特征进行方法选择及应用设计。本章阐述了投影寻踪学习评价的基本思路及实现路径，并将其重点用于了水资源领域、环境领域和工程领域的综合评价。

第8章，投影寻踪耦合学习预测。多维度、时间序列和函数型数据的预测是本章预测应用的重点。本章结合具体预测问题，以河道流量为对象，运用投影寻踪耦合回归方法建立了多个预测模型，包括投影寻踪回归网络预测模型、投影寻踪模糊推理预测模型，并给出了预测应用的建议。

第9章，投影寻踪耦合学习决策。本章主要应用投影寻踪聚类与判别和投影寻踪回归思想，提出数据驱动的科学决策方法，建立基于历史决策样本数据的决策学习模型，同时，根据工程领域决策建模应用案例，分析给出决策建模的技巧，如数据处理、模型构建与应用转化等。

1.3.3　路线

按照文献原理→理论→方法→建模应用的总体思路展开投影寻踪耦合学习的基本内容，由基本思路、章节内容、关键问题所组成的写作技术路线如图1.5所示。技术路线的核心在于形式多样的"耦合"实现，具体为多元数据变量与管理系统问题的耦合、统计学习方法与多元数据特征的耦合、投影寻踪方法之间的耦合、投影寻踪耦合方法与典型应用场景的耦合、参数优化算法与组合优化方法的耦合，最终实现从耦合要素到耦合思想方法的耦合。

投影寻踪耦合学习的方法基础主要包括以下四个方面：

（1）投影寻踪方法。在投影寻踪的基本原理所形成的投影寻踪聚类、回归等传统方法基础上，面向实践需求和数据特征，基于统计学习的多元化创新投影寻踪耦合学习方法，包括方法实现的技术策略。

（2）多元描述性及解释性统计方法。根本来说，投影寻踪依然是多元统计分析的范畴，是在多变量关系的实证研究中运用描述性多元统计方法（包括参数检验与非参数检验方法等）、解释性统计方法（包括聚类判别、时间序列方法）、逼近拟合等，揭示变量的时间序列随机性、趋势性等特性的统计学习方法。统计聚类方面，进行数据特征的细分及影响因素识别，建立分类、模式路径识别模型，并建立分类基础上的预测、判别及决策的投影寻踪耦合聚类学习

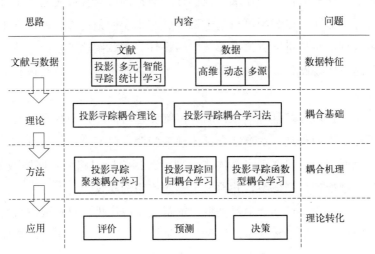

图 1.5   投影寻踪耦合学习技术路线

模型；多元回归方面，针对预测模拟的多元网络回归方法构成用于高维数据研究的投影寻踪耦合回归学习基础；在多元变量的建模中针对缺失数据和小样本数据，则增加采用交叉检验方法来测量新方法的建模精度。

（3）网络学习方法。根据数据特征及应用场景和方法基础，利用多节点多层级网络结构与响应学习策略方法，如前馈学习、反馈式学习或残差学习等，实现有监督学习、无监督学习、半监督学习方法的投影寻踪耦合学习网络灵活应用与选择。

（4）智能优化算法。基于需求数据的非线性、非稳态复杂特征，为保证耦合模型参数优化的收敛性，采用人工智能算法与函数收敛算法相结合的方式，依靠数据实验渐进式地完成模型参数的整体优化。

1.4   本章小结

本章以多元统计分析的视角，针对多元统计分析方法在分析高维数据时遭遇的维数灾难问题，提出了投影寻踪耦合方法论，从研究背景、国内外研究进展及主要研究内容三个方面进行了总结，解释了投影寻踪理论、多元统计分析和数据问题场景三方面协同的关键内容，为本书设定了投影寻踪耦合方法研究发展的方向及目标，同时明确了方法自身、方法与问题耦合的基本思路和路线。

现有研究成果总结如下：理论上，投影寻踪思想已经涵盖多元统计分析的很多方面，如多元回归、多元检验、多元聚类和多元分布等，在沿用多元统计分析方法的同时，投影寻踪方法自身也产生出关于投影方向、投影指标和投影算法等方面的相关理论；在实际应用中，投影寻踪方法已经在各个学科专业有着广泛的拓展应用，并表现出高维数据特征探索的显著优势。

本书后续章节共分为 8 章三大模块：第一，理论原理模块合计 2 章，从投影寻踪耦合学习需要的基本方法的简单原理出发，总结描述了投影寻踪耦合原理、基于遗传算法的投影寻踪耦合学习算法；第二，耦合方法模块合计 3 章，包括投影寻踪聚类耦合学习、投影寻踪回归耦合学习和投影寻踪函数型耦合学习，重点关注方法耦合的实现路径；第三，建模应用模块合计 3 章，将耦合方法用于评价、预测及决策三个方面，给出了投影寻踪耦合方法的应用技术。

参考文献

［1］ Franke B，Plante J F，Roscher R，et al. Statistical inference，learning and models in big data ［J］. International Statistical Review，2016，84（3）：371-389.

［2］ Marie-Sainte S L. Detection and visualization of non-linear structures in large datasets using Exploratory Projection Pursuit Laboratory（EPP-Lab）software ［J］. Journal of King Saud University-Computer and Information Sciences，2017，29（1）：2-18.

［3］ 成平，李国英，陈忠莲，等 . 投影寻踪讲义 ［M］. 北京：中国科学院系统科学所，1986.

［4］ Bellman R. Adaptive control process：A guided tour ［M］. New York：Princeton University Press，1961.

［5］ 成平，李国英 . 投影寻踪——一类新兴的统计方法 ［J］. 应用概率统计，1986，2（3）：267-276.

［6］ Kruscal J B. Toward a practical method which helps uncover the structure of a set of multivariate observations by finding the linear transformation which optimizes a new index of condensation ［M］//Milton R C，Nelder J A，Statistical Computation. New York：A cademic Press，1969.

［7］ Kruscal J B. Linear transformation of multivariate data to reveal clustering ［M］. New York：Plenum Press ，1972.

［8］ Switzer P. Numerical classification ［M］. New York：Plenum Press，1970.

［9］ Friedman J H，Tukey J W. A projection pursuit algorithm for exploratory data analysis ［J］. IEEE Trans Comput，1974，23（9）：881-890.

［10］ Espezua S，Villanueva E，Maciel C D，et al. A projection pursuit framework for supervised dimension reduction of high dimensional small sample datasets ［J］. Neurocomputing，2015，149：767-776.

［11］ Akritas M G. Projection pursuit multi-index（PPMI）models ［J］. Statistics & Probability Letters，2016，114：99-103.

［12］ Friedman J H，Stuetzle W. Projection pursuit regression ［J］. Journal of the American Statistical Association，1981，76（376）：817-823.

［13］ Peter H. On projection pursuit regression ［J］. The Annals of Statistics，1989，17（2）：573-588.

［14］ Hall P. On polynomial-based projection indices for exploratory projection pursuit ［J］. The Annals of Statistics，1989 ，17（2）：589-605.

［15］ Stuetzle W，Friedman J H，Schroeder A. Projection pursuit density estimation ［J］. Journal of the American Statistical Association，1984，79（387）：599-608.

［16］ Donoho D L. Minimum entropy deconvolution ［R］. Boston：Harvard University，1981.

［17］ Li G，Chen Z. Robust projection pursuit estimator for dispersion matrices and principal components ［R］. Boston：Harvard University，1981.

［18］ Li G Y，Chen Z L. Projection-pursuit approach to robust dispersion matrices and principal components：Primary theory and montecarlo ［J］. Journal of the American Statistical Association，1985，80（391）：759-766.

［19］ Johns M V. Fully nonparametric empirical bayes estimation via projection pursuit ［J］. IMS Lecture Notes Monogr Ser，1986，8：164-178.

［20］ Huber P J. Projection pursuit ［J］. The Annals of Statistics，1985，13（2）：435-475.

［21］ Fisher R A. The use of multiple measurements in taxonomic problems Ann ［J］. Eugene Lond，1936（7）：179.

［22］ Liu B，Shen Z K，Sun Z K. A pattern recognition method using projection pursuit ［J］. EEE Conference on Aerospace and Electronics，1990，5：21-25.

［23］ Flick T E，Jones L K，Priest R G，et al. Pattern classification using projection pursuit ［J］. Pattern Recognit Let，1990，23（12）：1367-1376.

［24］ 颜光宇，夏结来 . P P 稳健 Fisher 判别分析方法 ［J］. 中国卫生统计，1991，10（2）：16-19.

［25］ Lee E K. PPtreeViz：Projection pursuit classification treevisualization ［J］. Journal of Statistical Software，2018，83（8）：1-12.

［26］ Jones M C，Sibson R . What is projection pursuit ［J］. Journal of the Royal Statistical Society Series A（General），1987，150（1）：1-37.

［27］ 邓传玲 . SMART-多重平滑回归技术的原理及计算软件 ［J］. 新疆八一农学院学报，1988，38（4）：47-55.

［28］ 郑祖国，杨力行 . 1998 年长江三峡年最大洪峰的投影寻踪长期预报与验证 ［J］. 新疆农业大学学报，1998，21（4）：312-315.

［29］ 李祚泳，邓新民 . 旱涝趋势的投影寻踪预测模型 ［J］. 自然灾害学报，1997，6（4）：68-73.

［30］ 李祚泳 . 用投影寻踪回归进行大气颗粒的污染源解析 ［J］. 中国环境科学，1999，19（3）：

270-272.

[31] 史久恩，常红. 投影寻踪方法及其在气象中的应用 [M]. 北京：气象出版社，1992.

[32] 田铮，肖华勇. 声呐目标信号特征量的投影寻踪压缩与目标分类 [J]. 西北工业大学学报，1997，15 (2)：319-321.

[33] Friedman J H. Exploratory projection pursuit [J]. Journal of the American Statistical Association，1987，82 (397)：249-266.

[34] Ichihashi H，Miyoshi T，Nagasaka K. Fuzzy projection pursuit density estimation by eigenvalue method [J]. International Journal of Approximate Reasoning，1999，20：237-248.

[35] Aladjem M. Projection pursuit mixture density estimation [J]. IEEE Transaction Reactions on Signal Processing，2005，53 (11)：4376-4383.

[36] James G M，Silverman B W. Functional adaptive model estimation [J]. Journal of the American Statistical Association，2005，100 (470)：565-576.

[37] Zhu M. On the forward and backward algorithms of projection pursuit [J]. The Annals of Statistics，2004，32 (1)：233-244.

[38] Quintian H，Corchado E. Beta hebbian learning as a new method for exploratory projection pursuit [J]. Int J Neural Syst，2017，27 (6)：1750024.

[39] Loperfido N. Skewness-based projection pursuit：A computational approach [J]. Computational Statistics & Data Analysis，2018，120：42-57.

[40] Berro A，Marie-Sainte S L ，Ruiz-Gazen A. Genetic algorithms and particle swarm optimization for exploratory projection pursuit [J]. Annals of Mathematics and Artificial Intelligence，2010，60 (1-2)：153-178.

[41] 丁晶，张欣莉，金菊良. 基于遗传算法的参数投影寻踪回归及其在洪水预报中的应用 [J]. 水利学报，2000 (6)：45-48.

[42] Espezua S，Villanueva E，Maciel C D. Towards an efficient genetic algorithm optimizer for sequential projection pursuit [J]. Neurocomputing，2014，123：40-48.

[43] Stuetzle W. Projection pursuit：A brief introduction [M] //Silver N C. Wiley StatsRef：Statistics reference online. New York：John Wiley and Sons，2014.

[44] Sun J Y. Some practical aspects of exploratory projection pursuit [J]. J Sci Comput，1993，14 (1)：68-80.

[45] Fyfe C. A general exploratory projection pursuit network [J]. Neural Processing Letters，1995，2 (3)：17-19.

[46] Baddeley R，Fyfe C. Non-linear data structure extraction using simple hebbian networks [J]. Biol Cybern，1995 (72)：533-541.

[47] Fyfe C. A comparative study of two neural method of exploratory projection pursuit [J]. Neural Networks，1997，10 (2)：257-262.

[48] Posse C. Projection pursuit exploratory data analysis [J]. Computational Statistics & Data Analysis，1995，20：669-687.

［49］ Bickel P J，Kur G，Nadler B. Projection pursuit in high dimensions ［J］. Proc Natl Acad Sci U S A，2018，115 (37)：9151-9156.

［50］ Barron R A. Statistical learning networks：A unifying view ［C］//Proceeding of 20th symposium computing science and statistics. Washington：Amer Statist Assoc，1988.

［51］ Maechler M，Mertin D，Schimert J，et al. Projection pursuit learning networks for regression ［J］. Proc 2 Int IEEE Conf Tools Artif Intell，1990：1350-1358.

［52］ Hwang J N，Lay S R. Regression modeling in back-propagation and projection pursuit learning ［J］. IEEE Transactions on Neural Networks，1994，5 (3)：342-353.

［53］ Zhao Y，Atkeson C G. Projection pursuit learning ［J］. Int Jt Conf Neural Networks，1991：869-874.

［54］ Kwok T Y，Yeung D Y. Use of bias term in projection pursuit learning improves approximation and convergence properties ［J］. IEEE Trans Neural Networks，1996，7 (5)：1168-1182.

［55］ Yuan J L，Fine T L. Neural networks design for small training sets of high dimension ［J］. IEEE Trans Neural networks，1988 (9)：266-280.

［56］ 张欣莉. 投影寻踪及其在水文水资源中的应用 ［D］. 成都：四川大学，2000.

［57］ 丁晶，张欣莉，李祚泳，等. 投影寻踪新算法在水质评价模型中的应用 ［J］. 中国环境科学，2000，20 (2)：187-189.

［58］ Xia X C，An H Z. Projection pursuit autoregression in time series ［J］. Journal of Time Series Analysis，1999，20 (6)：693-714.

［59］ 谢美萍，田铮，文奇，等. 多维非线性自回归模型的投影寻踪学习网络逼近 ［J］. 应用概率统计，2002，18 (4)：370-376.

［60］ Bali J L，Boente G，Tyler D F，et al. Robust functional principle components：A projection pursuit approach ［J］. The Annals of Statistics，2011，39 (6)：2852-2882.

［61］ Bali J L，Boente G. Influence function of projection-pursuit principal components for functional data ［J］. Journal of Multivariate Analysis，2015，133：173-199.

［62］ Kolkiewicz A，Rice G，Xie Y. Projection pursuit based tests of normality with functional data ［J］. Journal of Statistical Planning and Inference，2021，211：326-339.

［63］ Nason G P. Robust projection indices ［J］. J R Statist Soc B，2001，63 (3)：551-567.

［64］ Peña D，Prieto F J. Cluster identification using projections ［J］. Journal of the American Statistical Association，2001，96 (456)：1433-1445.

［65］ Hou S，Wentzell P D. Fast and simple methods for the optimization of kurtosis used as a projection pursuit index ［J］. Anal Chim Acta，2011，704 (1-2)：1-15.

［66］ Touboul J. Projection pursuit through relative entropy minimization ［J］. Communications in Statistics，2011，40 (6)：854-878.

［67］ Croux C，Ruiz-Gazen A. High breakdown estimators for principal components：The projection-pursuit approach revisited ［J］. Journal of Multivariate Analysis，2005，95 (1)：206-226.

［68］ Guo Q，Questier F，Massart D L，et al. Sequential projection pursuit using genetic algorithms for data mining of analytical data [J]. Anal Chem，2000（72）：2846-2855.

[69] 颜光宇，夏结来. 稳健因子分析方法及其医学应用 [J]. 中国卫生统计，1991，11（3）：12-15.

[70] Ramsay K，Durocher S，Leblanc A. Robustness and asymptotics of the projection median [J]. Journal of Multivariate Analysis，2021，181（2）：104678.

[71] Miyoshi T，Nakao K，Ichihash H，et al. Neuro-fuzzy projection pursuit regression [J]. IEEE Int Conf Neural Networks，1995（2）：266-270.

[72] 田铮. 投影寻踪方法与应用 [M]. 西安：西北工业大学出版社，2008.

[73] 张欣莉，王顺久，丁晶，等. 投影寻踪聚类模型及其应用 [J]. 长江科学院院报，2002，19（6）：53-61.

[74] Kohler M，Krzyzak A. Nonparametric regression based on hierarchical interaction models [J]. IEEE Transactions on Information Theory，2017，63（3）：1620-1630.

[75] Cherian R P. Weight optimized neural network for heart disease prediction using hybrid lion plus particle swarm algorithm [J]. J Biomed Inform，2020，110：103543.

[76] Wang W C，Chau K W，Xu D M，et al. The annual maximum flood peak discharge forecasting using hermite projection pursuit regression with SSO and LS method [J]. Water Resources Management，2016，31（1）：461-477.

[77] Samantaray S，Sahoo A，Mohanta N R，et al. Runoff prediction using hybrid neural networks in semi-arid watershed，India：A case study [C] //Satapathy S，Bhateja V，Murty M R，et al. Communication software and networks：Proceedings of INDIA 2019. Singapore：Springer，2021.

[78] Vellido A. The importance of interpretability and visualization in machine learning for applications in medicine and health care [J]. Neural Computing and Applications，2019，32（24）：18069-18083.

投影寻踪耦合学习原理

投影寻踪耦合学习是将投影寻踪基本思想叠加在多元统计聚类与判别、多元回归、密度估计、函数型数据分析、人工神经网络等理论方法上形成的耦合学习系列方法。本章基于投影寻踪统计方法的基本思想和经典统计方法的基础概念，提出了投影寻踪耦合学习的原理和路径，为后续投影寻踪耦合学习算法及方法创新提供理论基础。

2.1 投影寻踪思想

2.1.1 基本思路

数据特征变量是描述系统特征的关键要素。统计研究中，往往以变量的样本观测值来代替总体变量，通过对系统观测变量的数据特征挖掘可以找到系统变化规律，如经济系统的国民总收入变量、天气系统的气温变量、服务系统的时间变量等。系统变量常常是随机变量，根据对系统变量进行测量后的数据集合，可分为离散型随机变量和连续型随机变量。离散型随机变量取可数的有限样本值，而连续型随机变量可依据变量函数取不可数的无限多个样本值。一般而言，对于特定对象系统，假设随机变量 X 为自变量，Y 为因变量（前者是系统输入变量或协变量，后者是系统输出变量或响应变量），从系统输入到系统输出之间的关系可以描述为输入自变量 X 到输出因变量 Y 的一一映射 $X \rightarrow Y$。

假设 n 为随机变量的样本个数，实数变量 $X \in \mathbf{R}^p$ 为 p 维数据，其数据形式可表示为 $p \times n$ 矩阵，有

$$X = \begin{bmatrix} x_{11} & \cdots & x_{1n} \\ \vdots & \ddots & \vdots \\ x_{p1} & \cdots & x_{pn} \end{bmatrix}$$

一维因变量 Y 的矩阵形式为

$$Y = \begin{bmatrix} y_1 & \cdots & y_n \end{bmatrix}$$

随机自变量 X 往往是高维的，而观测样本数量 n 是有限的，在探索 X 的高维数据特征，或挖掘高维自变量到因变量之间的关系时，为避免参数估计时的维数灾难问题，同时满足高维数据特征的可视化，可以将高维数据投影到低维子空间 Z 上（如一维），写成 $Z = AX$。其中，A 是投影方向矩阵，Z 是投影值矩阵。这两个向量也构成了投影寻踪方法的基本内容。当采用一维投影时，投影方向矩阵为行向量，而投影值矩阵也为行向量，类似于主成分分析，投影寻踪就是通过对多组低维投影值 Z 的统计研究从而实现对高维数据特征的挖掘。

投影寻踪方法属于探索性数据分析方法。该方法是直接从实际样本数据出发，不假设数据变量的总体分布或准则，具有数据分析的广泛适应性。尽管其产生于 20 世纪，但具有处理复杂数据的先进思想，因此在大数据时代，随着智能计算技术的发展，将成熟的经典统计分析方法，如检验、聚类、判别、回归及密度估计、时间序列方法与投影寻踪思想相融合，会陆续产生出一些新的耦合方法，以适应对多元数据复杂特征规律挖掘的需要。

从投影寻踪统计方法到投影寻踪耦合学习应具备四个关键技术：①寻找能挖掘高维数据特征的投影方向参数 A。通过投影可以将高维统计分析问题转换成一维空间的统计分析问题，使得一般统计分析方法可以继续使用。②计算自变量 X 的低维投影值 Z。由于数据特征的复杂性，一次投影可能未发现全部的高维数据特征，因此可以采用多次投影或非线性投影变换来发现更多的 Z。低维投影值 Z 也是构造投影指标的自变量。③为了找到最优的投影方向，需设计一个能实现投影寻踪思想的投影指标 Q。投影能否成功取决于投影指标的设定，这也是投影寻踪的重要理论研究方向。根据统计分析的应用目标不同，

投影指标的形式具有多样化。④在投影指标的基础上，还应建立投影寻踪耦合建模的相关参数优化路径。参数优化路径策略是耦合学习的关键，由于耦合模型中参数类型较多，因此优化策略的选择对实现建模效率和效果也具有重要的意义。

概括而言，投影寻踪耦合学习是先基于优化投影指标通过优化策略找到最佳的投影寻踪方向计算投影值，再利用投影值观察高维数据结构特征，最后在低维空间完成一系列经典统计方法耦合的数据挖掘活动。投影方向、投影值、投影指标、耦合策略和投影优化算法构成了投影寻踪耦合学习的五大基础要素，也是投影寻踪耦合学习方法需要解决的五大关键问题，本章主要介绍前 4 部分。

2.1.2 投影方向

线性投影是对高维数据进行投影降维的方法。任意一个秩为 k 的 $k \times p$ 矩阵 $\boldsymbol{A}$ 都可用来表示欧氏空间 $\mathbf{R}^p$ 到 $\mathbf{R}^k$ 的线性投影，定义为投影方向。其中，$k \ll p$。对 p 维随机变量 $\boldsymbol{X}$ 的线性投影 $\boldsymbol{Z}$，可由投影方向 $\boldsymbol{A}$ 与随机变量 $\boldsymbol{X}$ 的乘积表示：

$$\boldsymbol{Z} = \boldsymbol{AX} \quad \boldsymbol{X} \in \mathbf{R}^p, \boldsymbol{Z} \in \mathbf{R}^k \tag{2.1}$$

一般要求 $\boldsymbol{A}$ 的 k 个行向量是相互正交的单位向量，$\boldsymbol{A}$ 是 k 个行向量线性无关的满秩矩阵，写成矩阵形式为

$$\boldsymbol{A} = \begin{bmatrix} a_{11} & \cdots & a_{1p} \\ \vdots & \ddots & \vdots \\ a_{k1} & \cdots & a_{kp} \end{bmatrix}$$

则 $\boldsymbol{Z}$ 的矩阵形式为

$$\boldsymbol{Z} = \begin{bmatrix} a_{11} & \cdots & a_{1p} \\ \vdots & \ddots & \vdots \\ a_{k1} & \cdots & a_{kp} \end{bmatrix} \begin{bmatrix} x_{11} & \cdots & x_{1n} \\ \vdots & \ddots & \vdots \\ x_{p1} & \cdots & x_{pn} \end{bmatrix} = \begin{bmatrix} z_{11} & \cdots & z_{1n} \\ \vdots & \ddots & \vdots \\ z_{k1} & \cdots & z_{kn} \end{bmatrix}$$

当 $k = 1$ 时，$\boldsymbol{A}$、$\boldsymbol{Z}$ 变为一维行向量，写成

$$\boldsymbol{A} = \begin{bmatrix} a_1 & \cdots & a_p \end{bmatrix} \quad \boldsymbol{Z} = \begin{bmatrix} a_1 & \cdots & a_p \end{bmatrix} \begin{bmatrix} x_{11} & \cdots & x_{1n} \\ \vdots & \ddots & \vdots \\ x_{p1} & \cdots & x_{pn} \end{bmatrix} = \begin{bmatrix} z_1 & \cdots & z_n \end{bmatrix}$$

$$\tag{2.2}$$

线性投影假设在投影方向 A 上的一维投影的特征函数等价于原函数的特征函数沿着同一方向 A 的投影，这个假设是投影寻踪方法实现高维特征量的低维表示的主要根据。在高维空间中，由于样本个数不足，使得一些在低维空间很有效的方法在进行高维特征的估计时失去了优势，现在利用线性投影将 p 维欧氏空间 $\mathbf{R}^p$ 的数据映射到 k 维子空间 $\mathbf{R}^k$ 后，数据点的个数不变，但维数由 p 维降低为了 k 维，可以重新发挥低维空间中统计方法有效的优势。投影寻踪方法正是利用线性投影研究数据在低维空间的散布特征，从而找到其在高维空间的结构特征的探索性数据分析方法。

2.1.3　投影指标

投影方向的选择有手工和机械两种方法。最初的投影寻踪是用手工寻找最佳的投影方向，称为手工投影寻踪。该方法是利用人的视觉观察，通过不断旋转窥视角的方式寻找高维数据的低维散布特征。计算表明，当窥视角为 $10°$ 时，二维数据的一维投影就有 $\dfrac{180°}{10°\times 2}=9$ 个方向。由于许多复杂的数据结构特征只能在很小的角度内看到，对于这样一个庞大的集合，用肉眼逐个寻找恰当的窥视角是行不通的，因此借助计算机利用一个量化的指标来寻找最佳的投影方向，而这个量化的指标就称作投影指标 Q。

投影指标是一个包含投影方向在内的实数值函数。随机变量 X 在投影方向 A 上的投影指标可表示为 $Q(AX)$ 或 $Q(Z)$。其实质是一个 k 维空间上的泛函，可将空间函数转变成某一确定的数值。为减少降维损失，要求用于寻找最佳投影方向的投影指标满足一些条件：便于求导、求逆，具有稳健性，不受离群值的干扰等。

目前，投影指标的形式多样，可以分为密度型指标和非贴近度型指标。密度型指标的确定原则是使得投影值最大化非正态性的指标[1]。可以是一阶矩均值，即 $Q(AX)=\text{ave}(Z)$，也可以是二阶矩标准差，即 $Q(AX)=\text{var}(Z)$，三阶矩偏度 $[Q(AX)=\text{skewness}(Z)]$ 和四阶矩峰度 $[Q(AX)=\text{kurtosis}(Z)]$，还可以从信息角度用申农熵定义投影指标 $Q(AX)=\text{entropy}(Z)$ 等。关于投影指标的理论及应用研究有很多，可依据问题和数据特征来选择确定。下面重点介绍衡量偏离正态性的峰度-偏度投影指标[2]。

由于某些多元数据变量具有非对称和拖尾性特征，正态性假设不具有现实性，因此基于一阶矩和二阶矩构造的维数降低方法具有理论的局限性，而高阶矩方法对这类非正态数据具有更好的适应性。高阶矩指标处理非正态数据的这种优势为基于高阶矩的投影指标的构建提供了基础，并成为理论与实践的研究重点[3-14]。

数据变量投影的关键是找到一个投影方向，使得优化问题式(2.3)存在。

$$\max_{\boldsymbol{A} \in \mathbf{R}_0^p} Q(\boldsymbol{AX}) \tag{2.3}$$

式中，$\mathbf{R}_0^p$ 为一组非空 p 维矩阵；$\boldsymbol{A}'\boldsymbol{A}=1$，$\|\boldsymbol{A}\|=1$。$\boldsymbol{Z}=\boldsymbol{AX}$，则 $\boldsymbol{Z}$ 的偏斜度定义为

$$S(\boldsymbol{Z})=E^2\left(\frac{Z-\mu_Z}{\sigma_Z}\right)^3 \tag{2.4}$$

式中，μ_Z、σ_Z 分别为投影值的均值与方差。在使用智能优化算法优化投影指标时，投影指标即转化为算法优化的目标函数，通过最佳目标找到最佳投影方向参数。这种转化为投影寻踪与智能算法耦合创造了优越条件，其转化逻辑如图 2.1 所示。

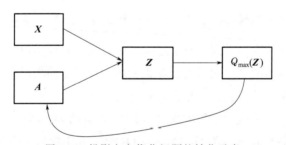

图 2.1   投影方向优化问题的转化示意

2.2   基本统计方法

针对现实问题需求所形成的统计分析方法体系是投影寻踪耦合学习的目标基础，也为在数据投影后回到现实问题分析提供了基本耦合方向。现有的统计分析方法主要有抽样、检验、聚类、判别、回归、密度、时间序列等[15]。目前，投影寻踪在上述统计分析中都出现了多元化的耦合方法，下面对统计分析原理做一个简要的回顾介绍，为投影寻踪耦合学习提供方法基础。

2.2.1 聚类分析

聚类分析是对样本变量进行分类的一种方法，即将相似类型的样本归为一类。聚类分析的关键是判别样本的相似性。依据衡量样本类的相似性方法，聚类方法分为基于样本密度的聚类、基于样本间距离的聚类。聚类分析涉及三个重要概念：类、类散布和类间距离。

假设多元统计变量总体在 p 维空间被分成 k 类，表示为 k 类总体 G_1，G_2，…，G_k，每类总体有一维行向量 $\boldsymbol{X}$，第 k 个子类总体的观察值有 n_k 个，则其样本向量 $\boldsymbol{G}^k$ 为

$$\boldsymbol{G}^k = \begin{bmatrix} x_1^k & \cdots & x_{n_k}^k \end{bmatrix}$$

对于类 $\boldsymbol{G}^k$，类的均值

$$\overline{x_k} = \frac{1}{n_k} \sum_{i=1}^{n_k} x_i^k$$

类的散布 B 定义为

$$B = \sum_{i=1}^{n_k} (x_i^k - \overline{x}_k)(x_i^k - \overline{x}_k)' \tag{2.5}$$

第 k 类的协方差

$$S_k = \frac{B}{n-1} = (S_{ij})$$

有类均值和类散布可以构造类的直径 D_k，用于表示聚类的密度，定义为

$$D_k = \sum_{i \in n_k} (x_i^k - \overline{x}_k) = \mathrm{tr}B_k \tag{2.6}$$

基于两个类 p，q 间的重心距离 $D(p,q)$ 表示类间距离的聚类指标，可以定义为

$$D_c = d_{\overline{x}_p, \overline{x}_q} = |\overline{x}_p - \overline{x}_q| \tag{2.7}$$

式中，$\overline{x}_p$、$\overline{x}_q$ 分别表示两类的均值。

在聚类分析中，K 均值聚类法是一种常用的分析方法，属于动态聚类方法，也称为逐步聚类法。其基本思想是：对样本数据先给出一个粗略的分类，计算聚类指标，然后按照某种分类原则判读分类是否合理；如果合理即确定分类结果，如果不合理就进行分类调整。对于一维情形，K 均值方法的主要步骤如下：

（1）人为给出 3 个实数参数 K、C、R，这里 $K < n$，$C < R$，n 为样本

个数。

（2）取前 k 个样本看成是 K 个子类，计算 k 个样本间的两两距离。如果距离小于 C，则两个样本点合并为一类，并计算它们的重心，将重心作为新的凝聚点，直到所有凝聚点的距离都大于或等于 C。

（3）获得初始分类。对剩下的 $n-k$ 个样本，逐一计算每个样本与各凝聚点间的距离。如果最短距离大于 R，则成为一个新的凝聚点；否则并入距离最短的类，重新计算该子类的重心，此重心又成为新的凝聚点。

（4）判断分类的合理性。对 n 个样本一一重新计算与每个凝聚点的距离，并将其分到距离最近的一个子类，如果重新计算后的类保持不变，则不必计算类重心；否则更新类样本后重新计算各类重心。

（5）更新输出聚类结果。如果迭代更新后的类与上次相同则输出聚类结果，否则回到步骤（4），直到聚类结果不再改变，结束更新迭代。

在聚类分析中，主要参数是聚类数量，聚类效果评价指标是衡量聚类方法参数优化的基础。下面介绍聚类分析中基于样本数据定义的聚类效果评价的 3 个指标 SSE、CHI 和 DBI。

2.2.1.1　误差平方和 SSE 指标

误差平方和指标 I_{SSE}，由一个子类到所在类族的聚类中心的欧氏距离表示：

$$I_{\mathrm{SSE}} = \sum_{i=1}^{k} \sum_{x \in X_i} d^2(c_i, x) \tag{2.8}$$

式中，$d^2(c_i, x)$ 为向量间的欧氏距离，c_i 为类族中心 X_i 的聚类中心。若 m_i 为 X_i 类的样本数，有

$$c_i = \frac{1}{m_i} \sum_{x \in X_i} x$$

随着聚类数量的增加，SSE 会减小。SSE 曲线的拐点表示在该点后再增加聚类时，误差平方和减小的幅度很小，因此可以将 SSE 曲线的拐点对应的聚类数量作为最佳聚类数量。

2.2.1.2　CHI 指标

CHI 指标用来表示类间的散布性（B）与类内的紧密性（W）这两个维度的聚类效果。

$$B = \sum_{k=1}^{K} \sum_{i=1}^{N} w_{k,i} \| c_k - \overline{x} \|^2$$

$$W = \sum_{k=1}^{K} \sum_{i=1}^{N} w_{k,i} \| x_i - c_k \|^2$$

式中，$\overline{x}$ 为所有样本的均值；$w_{k,i}$ 为第 i 个样本与第 k 个聚类族的隶属关系，即

$$w_{k,i} = \begin{cases} 1 & x_i \in x_k \\ 0 & x_i \notin x_k \end{cases}$$

定义指标 I_{CHI} 的计算公式为

$$I_{\mathrm{CHI}} = \frac{\dfrac{B}{K-1}}{\dfrac{W}{N-K}} \tag{2.9}$$

此时，评价原则为，指标 I_{CHI} 的值越大，聚类效果越好，表示类间的分散性和类内的紧密性越好。

2.2.1.3 DBI 指标

该指标的含义与 CHI 指标相似，I_{DBI} 的计算公式为

$$I_{\mathrm{DBI}} = \frac{1}{K} \sum_{k=1}^{K} R_k \tag{2.10}$$

$$R_k = \max_{k \neq j} \frac{d(X_k) + d(X_j)}{d(c_k, c_j)}$$

式中，$d(X_k)$、$d(X_j)$ 为矩阵内部距离；$d(c_k, c_j)$ 为类间的距离。

此时，评价原则为，I_{DBI} 指标越小，聚类效果越好。

除上述指标外，评价聚类效果的指标还有聚类纯度、聚类精度、兰德指数[16] 等。评价收敛原则是，三个指标的值越大说明聚类效果越好。当聚类样本数量较少时，可以采用有放回的抽样方式来计算聚类效果评价指标值[17]。可以将一维 K 均值聚类方法推广到投影值的聚类分析中，从而实现高维投影聚类分析。

2.2.2 判别分析

判别分析也是多元统计的重要内容。判别分析方法是从观测样本数据出发建立一个判别准则，对未知归属的新观测样本判断其归属于总体的哪一个类。

其中观测样本称为判别因子，判别准则可以认为实现了对多维空间的最佳划分。根据不同的判别假定，有不同的判别准则方法。

距离判别准则的归属判别可定义为未知归属的样品 x 到类 G_i 的马氏距离：

$$d_i^2 = (x - \overline{x}_i)' S_i^{-1} (x - \overline{x}_i)$$

式中，S_i 为第 i 类样本的协方差，如果 $d_l^2 = \min\limits_{i \in k} \{ d_1^2, \cdots, d_i^2, \cdots, d_k^2 \}$，则判断 x 属于类 G_l。

在判别分析中，关键的问题是取得判别因子，以及使得各类因子数据在空间分开的判别准则，如距离准则。而判别准则的实现通常需要一个判别指标，如 Fisher 判别指标等，通过优化判别指标取得最佳的判别效果。另外还需要构造一个评价判别效果的指标，即判别效果指标。

判别效果指标是对判别方法实现判别准则能力的测量，可采用受试者工作特征曲线（receiver operating characteristic curve，ROC）值作为判别效果指标，测量判别方法的判别能力。假设对二项判别问题，判别结果有两种，是或否，则所有样本数据的判别结果可以分为四种形式，即是的正确、否的正确、是的错误和否的错误，如表 2.1 所示。

表 2.1　判别效果指标

实际情况	判别结果	
	是	否
是	是的正确（TP）	是的错误（FP）
否	否的错误（FN）	否的正确（TN）

正确性指标 AC 定义为全部正确结果占样本总数的比例：

$$AC = \frac{TP + TN}{TN + TP + FN + FP}$$

"是的"正确性指标 R_{TP} 定义为"是"的正确判别结果与所有"是"的样本的比例：

$$R_{TP} = \frac{TP}{TP + FN}$$

"否的"正确性指标 R_{TN} 定义为"否"的正确判别结果与所有"否"的样本的比例：

$$R_{TN} = \frac{TN}{TN + FP}$$

在 ROC 曲线中定义判准率 AUC(area under curve) 为式(2.11)，表示图 2.2 中虚线以下的面积。

$$AUC = \frac{1 + R_{TP} - R_{FP}}{2} \tag{2.11}$$

式中，

$$R_{FP} = 1 - R_{TN} = \frac{FP}{FP + TN}$$

"是"的正确率与"是"的错误率相同时，即为图 2.2 中的正斜线；当判别结果落入直线上部时，说明判别正确率优于判别错误率，曲线越靠近上部，判别结果的正确率越高。由判别结果指标构建的 ROC 曲线是评估判别方法优劣的有效手段。

综上所述，在判别分析中，判别因子、判别准则和判别效果指标是判别分析的关键。根据判别因子的类型，判别分析可分为半监督的判别和有监督的判

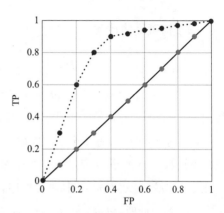

图 2.2   判别结果的 ROC 曲线

别。前者是基于已明确的判别因子类型进行归类判定，而后者是基于判别因子的学习样本采用神经网络方式实现学习判别。在高维度情形下有投影寻踪判别分析方法。

2.2.3 密度估计

在数据分析中，总是希望能通过样本数据来推断总体的分布及其密度函数，称为密度估计。密度估计是非参数统计分析的重要内容，其基本方法包括直方图法、核密度估计法和近邻估计法。

（1）直方图法是以频率代替概率的估计方法。将样本数据从小到大均匀分段后，分别统计各段的样本频数 k 并除以样本总数 n，得到各段的频率 $v = k/n$，以分段样本值为横坐标、频率为纵坐标对离散分段样本绘制直方图，可以得到由分段样本数据所反映出的概率分布图。基于此样本可视化思想再打破均匀分段后，就有改进样本数据两端拟合效果的 Rosenblatt 等密度估计方法。

以 x 为中心，宽度为 h 的区间定义为 $\left[x-\dfrac{h}{2}, x+\dfrac{h}{2}\right]$，有区间密度式

$$\hat{f}(x)=\frac{1}{nh}\sum_{i=1}^{n}W\left(\frac{x-x_i}{h}\right) \tag{2.12}$$

式中，计数函数

$$W(x)=I_{\left[-\frac{1}{2},\frac{1}{2}\right]}(x)=\begin{cases}1 & -\dfrac{1}{2}\leqslant x\leqslant\dfrac{1}{2}\\[2mm]0 & \text{其他}\end{cases}$$

（2）核密度估计为

$$\hat{f}(x)=\frac{1}{nh}\sum_{i=1}^{n}K\left(\frac{x-x_i}{h}\right) \tag{2.13}$$

式中，$K(x)$ 为一个给定的核函数。核函数的形式有均匀核函数、正态核函数、三角核函数等，可代替计数函数来刻画某样本距离中心样本的密度。

（3）近邻估计。对每个 x，选取一个以 x 为中心的区间，其宽度随机，而该宽度内样本点的个数固定为 k，计算所有样本点与 x 的距离 $d_i=|x_i-x|$，$i=1,2,\cdots,n$，并将距离由小到大排序，取 k 个样本的最短区间为 $[x-d_k(x),x+d_k(x)]$，此时 $2d_k(x)$ 是一个随机变量，那么 $f(x)$ 的 k 近邻估计为

$$\hat{f}(x)=\frac{k}{2nd_k(x)} \tag{2.14}$$

将一维密度估计推广到高维情形后可形成投影寻踪密度估计方法。

2.2.4　多元回归

设因变量 Y 与 p 维自变量 $X_1,X_2,\cdots,X_p$ 有关，对于 n 个独立样本情形有

$$(y_i,x_{i1},x_{i2},\cdots,x_{ip})\quad i=1,2,\cdots,n$$

假定存在多元线性回归方程

$$\begin{cases}y_i=\beta_0+\beta_1x_{i1}+\beta_2x_{i2}+\cdots+\beta_px_{ip}+\in_i & i=1,2,\cdots,n\\E(\in_i)=0,\text{var}(\in_i)=\sigma^2,\text{cov}(\in_i,\in_j)=0 & i\neq j;i,j=1,2,\cdots,n\end{cases}$$

已知样本数据的输入值 X 与输出值 Y，可利用相关统计分析软件计算参数 β，从而确定自变量与因变量的映射关系，实现用自变量对因变量的解释。

依据回归绩效准则指标来衡量自变量对因变量解释的效果，其形式多样。定义复相关系数 R 如下：

$$R = \sqrt{\frac{\mathrm{SSR}}{\mathrm{SST}}} \tag{2.15}$$

式中，回归平方和 SSR、总的偏差平方和 SST 分别为

$$\mathrm{SSR} = \sum_{i=1}^{n} (\hat{y}_i - \overline{y})^2$$

$$\mathrm{SST} = \sum_{i=1}^{n} (y_i - \overline{y})^2 = \mathrm{SSR} + \mathrm{SSE}$$

式中，残差平方和 SSE 为

$$\mathrm{SSE} = \sum_{i=1}^{n} (y_i - \hat{y}_i)^2$$

那么，因变量 Y 关于 p 维自变量 X 的回归模型有 $2^p - 1$ 个。选择回归模型的常用准则依据有如下情形：

（1）调整的复相关系数 $\overline{R}^2$ 达到最大。

$$\overline{R}^2 = 1 - \frac{\dfrac{\mathrm{SSE}}{n-k-1}}{\dfrac{\mathrm{SST}}{n-1}} \quad k \in p$$

（2）平均残差平方和 MSE 达到最大。

$$\mathrm{MSE} = \frac{\mathrm{SSE}}{n-k-1} \quad k \in p$$

（3）赤池信息准则 AIC(Akaike information criterion) 达到最小。

$$\mathrm{AIC} = n \ln(\mathrm{MSE}) + 2(k+1)$$

（4）贝叶斯信息准则 BIC(Bayesian information criterion) 达到最小。

$$\mathrm{BIC} = n \ln(\mathrm{MSE}) + \ln n (k+1)$$

将一维回归推广为高维情形后可形成投影寻踪回归方法。

2.2.5　离群点检测

离群点检测是识别样本特异性现象的一种统计方法，具有良好的现实意义。离群点检测的基本思路有两种，即总体情形的离群点检测和样本情形的离群点检测。

（1）基于总体情形的统计检测方法。假设根据样本数据可建立一个总体估计模型，所谓的异常样本是指那些不能完美拟合或属于总体的对象。采用判别模型时，如果样本是一些簇的集合，则异常样本就是不显著属于任意一簇的对

象；采用回归模型时，异常样本是相对远离理论模型预测值的对象；采用检验模型时，可以采用总体置信假设检验的方法进行离群点的检测。

（2）样本情形的离群点检测有下列三种方法根据观测样本值来计算检测指标进行异常值判定。基于邻近度的方法，在样本对象之间定义邻近性度量，异常样本是那些远离其他样本的对象，即邻近度大的样本点；基于密度的方法，在样本点定义一个局部密度测度，仅当一个点的局部密度显著低于它的大部分近邻时才将其分类为离群点；基于聚类的方法，定义一个组间距离，聚类分析用于发现组内局部强相关的样本组，而异常样本是不与其他样本强相关的对象，可依据组间距离进行检测。

在高维情形下，投影寻踪方法的本质就是通过低维投影找到尽可能多的离群点，实现更大程度地揭示高维数据非高斯分布的样本散布特征。

2.2.6　时间序列

时间序列是一列按时间顺序排列的随机变量，记为 $\{X_t\}$（$t \in T$）。对于每个确定的时间 t，X_t 是一维的随机向量或多维随机向量，后者也被称为多维时间序列。

$\{X_t\}$ 的自相关函数定义为

$$\rho(s,t) = \frac{\gamma(s,t)}{\sqrt{\gamma(s,s)\gamma(t,t)}}$$

式中，s、t 表示两个时间序列。μ_s、μ_t 分别为二元序列的均值，则二元函数 $\gamma(s,t) = E(X_s - \mu_s)(X_t - \mu_t)$。依理可得其他。

当时间序列的均值与方差平稳时，即不随样本增加而改变统计量，则有如下时序模型：

（1）p 阶自回归 AR(p)

$$X_t = \alpha_0 + \alpha_1 X_{t-1} + \alpha_2 X_{t-2} + \cdots + \alpha_p X_{t-p} + \varepsilon_t \quad t \in T$$

（2）q 项滑动平均 MA(q)

$$X_t = \varepsilon_t + \beta_1 \varepsilon_{t-1} + \beta_2 \varepsilon_{t-2} + \cdots + \beta_q \varepsilon_{t-q} \quad t \in T$$

（3）混合模型 ARMA(p, q)

$$X_t = \alpha_0 + \alpha_1 X_{t-1} + \alpha_2 X_{t-2} + \cdots + \alpha_p X_{t-p} + \varepsilon_t + \beta_1 \varepsilon_{t-1} + \beta_2 \varepsilon_{t-2} + \cdots + \beta_q \varepsilon_{t-q}$$

根据以上模型可以演化出 d 次差分模型 ARIMA(p, d, q)、季节性差分模型 SARIMA 等。

将一维时间序列推广到高维情形后可形成投影寻踪时间序列方法。

2.3　人工神经网络

　　神经网络是由大量的神经元广泛连接而成的网络，如有反馈的前向神经网络，简称为 BP 网络。其结构如图 2.3 所示，由输入层、中间层（隐层）和输出层组成。中间层可包括多层，每一层只接收前一层的输出。网络中除输入输出层节点外，有多层或一层的隐层节点，同层节点之间不存在耦合交互关系。隐层神经元节点通常采用 Sigmoid 型函数，也称 S 型函数，而输出层通常采用线性形式。

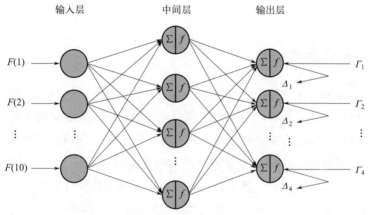

图 2.3　三层 BP 神经网络结构

　　图 2.3 中，Σ 表示输入神经元 $\boldsymbol{F}$ 的加权，$\Sigma = \boldsymbol{WF}$。式中，$\boldsymbol{W}$ 表示神经元之间的线性耦合权矩阵。BP 网络可以看成是一个从输入到输出的高度非线性映射，即 $\boldsymbol{Y} = f(\boldsymbol{X})$。神经网络进行数次迭代后可实现对映射函数 f 的最佳逼近。当神经元函数的形式变化后，可以形成多种神经网络方法，如径向基神经网络、模糊神经网络等。

　　神经网络的信息处理能力取决于网络中各神经元节点之间的权值、节点个数和神经元函数这些参数变量，要求网络具有通过样本学习的功能来调整权值参数等，从而实现信息处理的非线性能力。按照学习方式，可以分为有监督学习和无监督学习。有监督学习是指网络的估计输出与实际输出之间进行比较，然后根据两者之间的偏差来调整优化网络权值参数，这个实际的输出值就是监督网络学习的老师。无监督学习中不存在监督学习的实际输出值，网络知识按照某些对输入变量的学习规则来调整网络权值参数，如自变量密度大和非正态性等。神经网络的学习规则和方法有赫布学习规则、梯度下降学习、模拟退火、遗传算法等。

总结而言，神经网络学习的目标是确定模型的参数及超参数；在有监督的学习中，神经网络学习规则是对教师值的贴近度；在无监督学习中，依据研究问题的目标来构造神经网络学习规则，如学习距离、学习密度等。基于神经网络结构可以形成投影寻踪网络学习方法。

2.4 耦合学习

2.4.1 耦合基础

投影寻踪耦合学习是投影寻踪方法与以上各类型方法进行有机耦合后产生的统计分析新方法。耦合学习的需求源自多元统计中系统变量特征的复杂性增加，如非线性、非正态和高维度等。耦合基础在于：首先现有研究方法已经非常丰富了，可形成方法库，为复杂高维问题的解决提供了多方法耦合的可能性；其次，在实际问题中，各类方法的组合运用也为投影寻踪耦合方法提供了丰富的应用场景，如组合评价、组合预测和组合优化决策等。投影寻踪耦合方法正是基于多元统计分析的发展，在投影方法的基础上，再叠加耦合成熟的一维统计分析方法来实现解决高维统计问题的多元化方法。通过投影思想与不同统计方法的耦合可进一步实现投影寻踪耦合方法的全面创新，提升面向高维数据及其他特征数据的统计学习能力。

尽管耦合方法的应用范围很广，但方法耦合的机理影响因素众多。从形式到内涵，耦合方法机理包括以下关键基本要素：耦合原则、耦合基元、耦合形式、耦合逻辑和耦合模型等。

（1）耦合原则。为耦合方法提供耦合方向依据，能提高耦合的效率。这些原则包括问题导向原则、数据驱动原则、现实可行原则和效用最优原则。问题导向原则是根据数据挖掘对象的现实问题需求建立耦合方法的形式，如识别、评价、预测或者决策等。数据驱动原则是根据数据类型及数据质量来确定耦合方法的形式，如高维非线性等。问题导向原则和数据驱动原则均强调耦合方法的个性化。现实可行原则是确保方法耦合后可建模、可计算机辅助实现，如梯度下降或遗传算法的优化等；效用最优原则是确保方法投入与耦合产出之间的效益、效率和应用效果三个方面，可利用相应的评价指标通过与非耦合比较的方式进行耦合效果衡量。

（2）耦合基元。投影寻踪耦合的基元包括数据特征、元方法库、优化算法、投影指标。由创新理论可知，生产要素再组合是创新的基本路径，因此投影寻踪耦合方法创新就是以上耦合基元再组合的结果。每个基元各自又具有丰富的内容，使得投影寻踪耦合学习方法的形式和内容十分丰富，创新空间很大。例如针对高维动态连续数据的函数型投影寻踪回归学习方法，就是函数型数据分析＋投影寻踪＋神经网络＋遗传算法的耦合结果。

（3）耦合形式。分为分布式耦合、集总式耦合和混合式耦合。分布式耦合包括独立式分布与顺序式分布，参与耦合的方法之间存在传递边界，相对独立。集总式耦合也称为一体化耦合，简单来说就是方法之间"你中有我，我中有你"，相互嵌套形成一个整体，耦合的界限不是十分清晰。混合式耦合是分布式与集总式再组合后的混合形式，耦合方法既相互独立又存在一体化交替情形，是一种比较复杂的耦合形式。

（4）耦合逻辑。基于耦合形式，在用计算机软件实现耦合学习时，建模软件可分为若干个模块，耦合逻辑就是各模块之间相互连接的一种度量，也指参与耦合的各内容之间的排列关系或流程，是耦合形式的具体表现。模块间耦合度的强弱取决于软件各模块间接口的复杂程度，可以有 7 种耦合逻辑。

内容耦合：内容耦合具有最紧的耦合程度，一个模块直接访问另一个模块的内容，则称这两个模块为内容耦合。公共耦合：一组模块都访问同一个全局数据结构，则称为公共耦合。外部耦合：一组模块都访问同一全局简单变量，而且不通过参数表传递该全局变量的信息，则称为外部耦合。外部耦合与公共耦合很像，区别就是后者是简单变量，而前者是复杂数据结构。控制耦合：模块之间传递的不是数据信息，而是控制信息，例如标志、开关量等；一个模块控制了另一个模块的功能，模块的数据放在自己内部，不同模块之间通过接口互相调用。标记耦合：调用模块和被调用模块之间传递的是数据结构而不是简单数据，同时也称作特征耦合。数据耦合：调用模块和被调用模块之间只传递简单的数据项参数，相当于高级语言中的值传递。非直接耦合：两个模块之间没有直接关系，它们之间的联系完全是通过主模块的控制和调用来实现的；子模块之间不知道相互的存在，子模块之间的联系全部变成子模块和主模块之间的联系；子模块耦合度最弱，独立性最强。

（5）耦合模型。是耦合学习方法的最终应用实现，是针对现实问题的建模需求，是将以上关键要素集成化的实践结果，是理论向实践的转化成果，体现了耦合的现实应用价值。耦合学习模型需在实践中进行耦合效果的检验，以达到持续优化的目的，如耦合分类识别模型、耦合预测模型、耦合评价模型和耦合决策模型等。一种耦合学习方法可以建立多个耦合模型，如投影寻踪回归可用于建立预测模型，也可用于建立决策模型；相反，一个模型也可以用多个方法来实现，如分类识别模型可以用聚类方法也可以用回归方法完成。

2.4.2　耦合路径

投影寻踪耦合学习的基本思路是以"投影"与"寻踪"为起始，面向高维数据的统计分析方法，采用神经网络建立学习模式，用混合优化算法优化筛选神经元函数、投影寻踪参数，形成建模优化策略，实现耦合学习建模。投影寻踪耦合思想可概括为"投影、寻踪、网络结构、优化算法、元函数、统计分析方法"等元素的有机耦合，从而在高维统计领域创新出丰富多样的投影寻踪耦合学习方法。投影寻踪耦合学习逻辑可以表达为一种概念化的耦合框架，如图 2.4 所示。根据该框架可通过横向连接和纵向选择组合形成多元化的投影寻踪耦合学习方法。

例如，"投影＋寻踪＋聚类＋遗传算法"的组合形成探索性投影寻踪聚类学习；"投影＋岭函数＋遗传算法＋梯度下降算法"形成投影寻踪回归学习；"投影寻踪＋多项式函数＋网络结构＋遗传算法＋梯度下降算法"形成投影寻踪网络回归学习；"投影寻踪＋模糊隶属度函数＋网络结构＋遗传算法＋梯度下降算法"形成模糊投影寻踪回归学习等。在投影寻踪耦合学习中，还可以根据研究问题的不同在神经元函数方面采用不同的形式，如样条函数、岭函数、核函数等；优化算法可采用遗传算法与凸优化算法相结合，前者完成投影方向参数的随机优化，后者实现平滑函数的参数优化。据此，可构成多元化的投影寻踪耦合方法，当然该耦合框架在横向与纵向上都有很大的扩展空间。为表达方便，各方法的缩略词参见表 2.2。通过耦合的基本思想和差异化路径，已经形成的投影寻踪谱系见图 2.5。建立投影寻踪耦合学习方法谱系具有两方面的

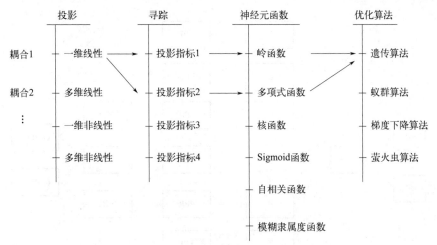

图 2.4　投影寻踪耦合思维框架

价值：一方面挖掘各方法优势，提升了处理复杂问题的柔性能力；另一方面通过具体的路径耦合范式，拓宽了方法的应用场景。

表 2.2　投影寻踪耦合方法符号

字母	名称	字母	名称	字母	名称
projection，P	投影	time，T	时序	TPP	时序投影寻踪
pursuit，P	寻踪	function，F	函数型	FPP	函数投影寻踪
projection pursuit，PP	投影寻踪	SPP	序贯投影寻踪	PPCL	投影寻踪聚类学习
sequential，S	序贯	PPD	投影寻踪密度估计	PPRL	投影寻踪回归学习
density，D	密度估计	PPC	投影寻踪聚类	generic algorithm，GA	遗传算法
classification，C	聚类	learning，L	学习	G-PPCL	遗传投影寻踪聚类学习
regression，R	回归	PPR	投影寻踪回归	G-PPRL	遗传投影寻踪回归学习

2.4.2.1　投影寻踪聚类与判别[18]

该方法是投影寻踪与聚类、判别方法的耦合。首先对高维数据进行低维投影，获得投影值；然后利用投影指标对投影值进行聚类和判别，形成投影寻踪聚类及判别方法，从而解释高维空间数据特征。该方法采用的是顺序耦合逻辑，先投影再聚类与判别分析，分析的对象是投影值。

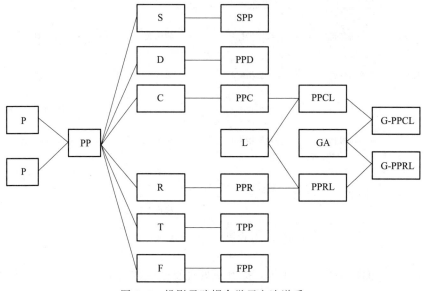

图 2.5　投影寻踪耦合学习方法谱系

2.4.2.2　投影寻踪回归[19]

该方法是投影寻踪与多元回归的耦合。为应对样本个数与变量个数对比所产生的高维数据回归中参数优化的问题，形成了将高维数据投影到低维空间后再进行一维或低维回归的投影寻踪回归思想。该方法也采用先投影再回归的顺序耦合形式，回归的对象是一维投影值。

2.4.2.3　投影寻踪密度估计[20]

该方法是针对高维数据实现多元密度估计的方法。与前两者的耦合思想相同，它也是先进行高维投影，然后再进行低维密度估计，密度估计的对象是一维投影值。

2.4.2.4　时序投影寻踪[21, 22]

该方法是将投影寻踪多元回归与自回归进行耦合后形成的混合回归方法，有两种形式。其一，可以自变量作为输入变量，利用投影寻踪回归的多元非线性拟合能力对自变量进行非线性回归建模，也可将自变量与他变量混合作为输入变量建立时序混合回归模型，提高预测精度；其二，可以先将输入变量进行投影再开展时间序列分析，此时时序分析的对象是投影值所形成的时间序列。

2.4.2.5 投影寻踪学习网络 [23, 24]

该方法是将投影寻踪的投影方向与神经网络的权值进行等价，借鉴神经网络的结构形式，采用投影回归的元函数作为神经元函数实现的耦合方法。该方法既增强了神经网络的非线性能力，又保留了投影寻踪高维数据的处理能力，是一种高维非线性拟合能力强的方法。该方法的耦合逻辑依然是先投影再拟合，拟合的对象是线性投影值。

2.4.2.6 遗传投影寻踪 [25, 26]

该方法主要是对投影寻踪方向参数的智能优化。首先在投影指标的帮助下构造目标适应度函数，然后使用遗传优化过程实现对投影方向参数的优化，计算投影值，从而实现高维数据的投影降维。遗传投影寻踪是投影寻踪耦合学习方法实现的基础之一，针对不同类型的学习问题，如聚类学习、回归学习和时间序列学习等，都可以嵌入遗传投影寻踪方法实现既定的学习目标，在学习时，只需要调整优化目标函数并采用遗传优化流程即可实现建模过程。遗传投影寻踪大大拓宽了投影寻踪方法的应用场景，提高了投影寻踪耦合方法的应用能力。

2.4.2.7 投影寻踪离群点检测 [27, 28]

依据离群点检测的基本思想，投影寻踪离群点检测方法可分为高维离散数据的离群点检测和高维连续数据的分布检测。前者有多元时间的离群点检测和多元变量的离群点检测，后者则主要集中在多元正态分布的假设检测。投影寻踪离群点检测的基本思路是，首先将高维数据投影到低维空间获得低维投影值，然后针对低维投影值采用离群点检测方法来识别离群点，从而实现对高维空间异常样本的检测。从本质上来说，投影寻踪离群点检测的基础是找到使得投影值最大偏离高斯分布的投影。

2.4.2.8 函数型投影寻踪 [29-32]

函数型投影寻踪方法包括两个类型，即函数型投影寻踪主成分分析和函数型投影寻踪回归。它是针对高维函数型数据的统计分析方法，在低维空间寻找函数型数据的信息特征。

2.4.2.9 其他耦合

其他耦合是指更多方法的耦合。如在线性回归、可加函数和投影寻踪回归的基础上构建了函数型可加模型估计方法[33]，具有耦合研究的代表性，如图2.6所示。

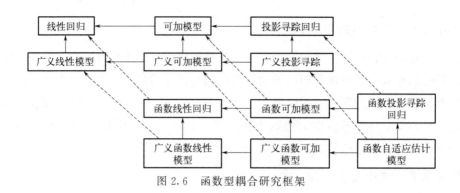

图 2.6   函数型耦合研究框架

2.4.3 耦合特点

（1）有机性。投影寻踪耦合学习是对现有统计方法、优化方法和神经网络方法的有机融合。有机性主要体现在以上方法对学习需求的互补性供给响应关系，如参数优化与遗传算法、低维拟合与高维投影、非线性逼近函数与网络结构等的供需匹配，以上需求问题与问题解决方法的匹配策略能保障投影寻踪耦合学习的有机创新。

（2）多样性。由于问题的多样性和方法的多样性，使得投影寻踪耦合学习方法的耦合路径具有多样性的特点，耦合形式具有柔性、灵活性的特点。耦合的机制与耦合的形式深度统一，保证了投影寻踪耦合学习方法解决问题的有效性、可靠性。

（3）延展性。投影寻踪耦合学习具有良好的耦合机理与耦合应用基础，可随着研究对象、研究方法和数据内容等相关学习环境的发展而发展，因此无论是在耦合方法创新方面还是现有耦合方法的应用改进方面，该方法都具有好的延展性。

（4）参量性。随着耦合模型中耦合方法的增加，耦合模型参数也相应地增加，而参数就是数据信息特征的载体，参数越多，耦合模型的数据挖掘能力就越强，当样本量不增加时，投影降维计算对参数优化的意义就越加明显。借鉴 ARIMA 的表达形式，投影寻踪耦合聚类方法以参数化的形式可以表示为 $PP(l,h)$，其中 l 表示遗传优化的子代数，而 h 表示区间聚类的窗宽；投影寻踪耦合回归以参数化的形式可以表示为 $PPR(l,k,o)$，其中 l 表示遗传优化的子代数，k 表示神经元函数的阶数，而 o 表示拟合子函数的个数。其他投影寻踪耦合学习方法也可以此类推。

2.5　本章小结

本章重点介绍了在后续投影寻踪耦合分析中要经常使用的相关多元统计知识，包括检验、聚类、判别、回归、时间序列和密度估计等，主要介绍了各方法的基本思路与原理，以点带面，为后续章节各类耦合方法的实现提供理论基础。由各方法的原理可知，从优化学习的角度，统计聚类问题可转换为某一聚类准则下的最优问题；判别问题是对判别规则学习的最佳记忆问题；回归问题是输入输出拟合的最佳逼近问题；时间序列分析可看成是一种特殊的回归问题；密度拟合是寻找最佳贴近函数的问题；人工神经网络则是以结构化方式记忆样本特征的优化问题。

另外，基于统计方法的基本思想，开展数据驱动的统计方法应用研究时，对现实问题进行具体分析，将现实问题转化为统计方法所能解决的基本科学问题，例如综合评价管理绩效的现实问题可转换为聚类问题或判别问题，未来用电负荷需求估计可转换为预测问题等，从而实现统计方法与现实问题的紧密结合，可帮助我们以数据科学的方式从数据和模型中寻找现实问题的答案。同时，随着现实问题的复杂性增加，必然产生许多新的耦合方法，如投影寻踪耦合学习方法等。正是基于优化的转化和现实问题的科学化，产生了多元化的耦合学习行为，使得数据挖掘方法可以不断适应现实问题的解决需要，进行持续创新，充满柔性的力量。本章在分析实现耦合的原则、基元、逻辑、形式和路径等多个耦合关键内容的基础上，重点给出了投影寻踪耦合的典型性耦合逻辑和谱系示范，方便研究者举一反三。耦合基本变量如表 2.3 所示。

表 2.3　变量设计

变量	名称	备注
i	自变量计数	$[1,n]$取整
j	自变量维度计数	$[1,p]$取整
p	自变量维度	
n	样本个数	
$x(j,i)(i=1,\cdots,n;j=1,\cdots,p)\in \boldsymbol{X}$	自变量	$\boldsymbol{X}_{p\times n}$
$a(j)(j=1,\cdots,p)\in \boldsymbol{A}$	一维投影矩阵	$\boldsymbol{A}_{1\times p}$，行向量

续表

变量	名称	备注
$z(i)(i=1,\cdots,n)\in \boldsymbol{Z}$	一维投影特征值	$\boldsymbol{Z}_{1\times n}$, 行向量
$y(i)(i=1,\cdots,n)\in \boldsymbol{Y}$	一维因变量	$\boldsymbol{Y}_{1\times n}$, 行向量

在这种多元化耦合情形下，如何实现耦合学习模型的参数优化是急需解决的问题，这在后续章节会有具体介绍。

参考文献

[1] Huber P J. Projection pursuit [J]. Ann Stat，1985，13：435-475.

[2] Malkovich J F，Afifi A A. On tests for multivariate normality [J]. J Am Stat Assoc，1973，68：176-179.

[3] Kim H M，Mallick B K. Moments of random vectors with skew t distribution and their quadratic forms [J]. Stat Probab Lett，2003，63：417-423.

[4] Loperfido N. Generalized skew-normal distributions [M] //Genton M G. Skew-elliptical distributions and their applications：A journey beyond normality. Boca Raton，FL，USA：Chapman & Hall/CRC，2004.

[5] Loperfido N. Canonical transformations of skew-normal variates [J]. Test，2010，19：146-165.

[6] Loperfido N. Skewness and the linear discriminant function [J]. Stat Probab Lett，2013，83：93-99.

[7] Arevalillo J M，Navarro H. A note on the direction maximizing skewness in multivariate skew-t vectors [J]. Stat Probab Lett，2015，96：328-332.

[8] Arevalillo J M，Navarro H. Data projections by skewness maximization under scale mixtures of skew-normal vectors [J]. Adv Data Anal Classi，2020，14：435-461.

[9] Kim H M，Kim C. Moments of scale mixtures of skew-normal distributions and their quadratic forms [J]. Commun Stat：Theor M，2017，46：1117-1126.

[10] Loperfido N. Skewness-based projection pursuit：A computational approach [J]. Comput Stat Data Anal，2018，120：42-57.

[11] Peña D，Prieto F. Cluster identification using projections [J]. J Am Stat Assoc，2001，96：1433-1445.

[12] Peña D，Prieto F. Combining random and specific directions for outlier detection and robust estimation in high-dimensional multivariate data [J]. J Comput Graph Stat，2007，16：228-254.

[13] Loperfido N. A note on the fourth cumulant of a finite mixture distribution [J]. J Multivariate Anal，2014，123：386-394.

[14] Loperfido N. Kurtosis-based projection pursuit for outlier detection in financial time series [J]. Eur J Financ，2020，26：142-164.

[15] 项静恬. 统计手册 [M]. 北京：中国统计出版社，2013.

[16] 高海燕，黄恒君，王宇辰. 基于非负矩阵分解的函数型聚类算法 [J]. 统计研究，2020，37 (8)：91-103.

[17] Artetxe A，Graña M，Beristain A，et al. Balanced training of a hybrid ensemble method for imbalanced datasets：A case of emergency department readmission prediction [J]. Neural Computing and Applications，2017，32 (10)：5735-5744.

[18] Huang H H，Zhang T. Robust discriminant analysis using multi-directional projection pursuit [J]. Pattern Recognition Letters，2020，138：651-656.

[19] Bickel P J，Kur G，Nadler B. Projection pursuit in high dimensions [J]. Proc Natl Acad Sci，2018，115 (37)：9151-9156.

[20] Aladjem M. Projection pursuit mixture density estimation [J]. IEEE Transaction Signal Processing，2005，53 (11)：4376-4383.

[21] 田铮，肖华勇. 非线性时间序列的投影寻踪建模与预报 [J]. 西北工业大学学报，1995，13 (3)：478-480.

[22] Xia X C，An H Z. Projection pursuit autoregression in time series [J]. Journal of Time Series Analysis，1999，20 (6)：693-714.

[23] Hwang J N，Lay S R，Maechler M，et al. Regression modeling in back-propagation and projection pursuit learning [J]. IEEE Transactions on Neurocomputing，1994，5 (3)：342-353.

[24] Kohler M，Krzyzak A. Nonparametric regression based on hierarchical interaction models [J]. IEEE Transactions on Information Theory，2017，63 (3)：1620-1630.

[25] Berro A，Marie-Sainte L S，Ruiz-Gazen A. Genetic algorithms and particle swarm optimization for exploratory projection pursuit [J]. Annals of Mathematics and Artificial Intelligence，2010，60 (1-2)：153-178.

[26] Espezua S，Villanueva E，Maciel C D. Towards an efficient genetic algorithm optimizer for sequential projection pursuit [J]. Neurocomputing，2014，123：40-48.

[27] Galeano D，Pena R，Tsay R S. Outlier detection in multivariate time series by projection pursuit [J]. Journal of the American Statistical Association，2006，101 (474)：654-669.

[28] Kolkiewicz A，Rice G，Xie Y. Projection pursuit based tests of normality with functional data [J]. Journal of Statistical Planning and Inference，2021，211：326-339.

[29] Ling N，Vieu P. Nonparametric modelling for functional data：Selected survey and tracks for future [J]. Statistics，2018，52 (4)：934-949.

[30] Ferraty F，Goia A，Salinelli E，et al. Functional projection pursuit regression [J]. Test，2012，22 (2)：293-320.

[31] Jiang C R，Wang J L. Functional single index models for longitudinal data [J]. Annals of Statistics，2011，39 (1)：362-388.

[32] Bali J L，Boente G. Influence function of projection-pursuit principal components for functional data [J]. Journal of Multivariate Analysis，2015，133：173-199.

[33] James G M，Silverman B W. Functional adaptive model estimation [J]. Journal of the American Statistical Association，2005，100 (470)：565-576.

第 3 章

投影寻踪耦合学习算法

为研究高维数据，Friedman 提出了投影寻踪（projection pursuit，PP）的统计概念，随后形成了手工投影寻踪方法和机械投影寻踪方法[1]。手工投影寻踪采用的是计算机仿真技术，通过旋转观察数据的角度，在低维空间观察高维数据结构特征；而机械投影寻踪是采用计算机辅助计算技术，在随机投影中用计算机实现投影参数优化来发现高维数据特征。本章给出的投影寻踪耦合方法属于机械投影寻踪的范畴。在机械投影寻踪方法中，优化参数的方法和投影指标是投影寻踪方法得以实现的关键；又由于投影寻踪耦合方法是多个方法的有机融合，因此多方法的耦合逻辑和耦合模型的参数优化是耦合方法建模的另一个关键。本章以一维投影为对象，基于投影基础方法的耦合逻辑，采用遗传算法给出了投影寻踪耦合学习算法；主要包括四个方面的内容，即最佳投影方向、投影指标、遗传算法和投影智能优化算法，以此来实现从投影寻踪统计到投影寻踪统计学习的转变。

3.1 最佳投影方向

3.1.1 基本内涵

投影寻踪方法的根本在于不同的投影方向能反映高维数据的不同结构特

征，而最佳投影方向应该是最大可能暴露高维数据的某类特征结构的那个方向。如果数据特征比较复杂，则允许存在若干个投影方向共同反映数据整体结构的各方面特征。从信息论的角度而言，最佳的投影方向是对数据信息利用最充分、信息损失量最小的方向，能将数据清晰地散布为有意义的结构的投影方向，就是最佳投影方向。从分布的角度来说，最佳的投影方向也是使高维数据投影后能最大化偏离正态分布和高斯分布的那个投影方向。在投影寻踪方法中，发现高维数据的一个"有意义结构特征"的方法是设定一个投影指标，通过对投影指标的优化来实现寻找最佳投影方向的目的，一个好的投影指标决定着有利于寻找最佳投影方向的策略。因此，最佳投影方向的寻优问题可转换为一个对投影指标的最优化问题，实现投影寻踪方法解决问题的关键是找到最佳投影方向的有效算法。当函数可导数时，可采用梯度下降算法、高斯牛顿迭代或最小二乘法等优化方法实现以投影指标为目标函数的寻优。本章考虑数据结构的复杂性、投影指标的可解性和方法应用的广泛性，采用了遗传算法这一智能优化算法，通过随机寻优的方式寻找最佳的投影方向，构造投影智能优化算法。

定义：对于高维数据 X，存在一个投影方向 A，使得投影指标 $Q(AX)$ 达到最大或最小，此时投影方向 A 定义为最佳投影方向。沿用前面的符号定义，有如下表达式：

目标函数：$\max Q(AX)$ 或 $\min Q(AX)$

约束条件：$\|A\| = 1$

在机械投影寻踪中，关键是围绕投影指标找到最佳投影方向的优化算法。

3.1.2　优化历程

投影方向寻优方法研究大致经历了三个发展阶段：第一阶段是通过对高维数据在低维空间投影特征结构的肉眼观察，判断最优的投影方向；第二阶段是利用投影指标的统计优化寻找最佳投影方向；第三阶段是数据驱动的智能优化阶段，也是本书讨论和应用的重点内容。

（1）手工寻优。1969 年，Kruscal[2] 提出了借助计算机扩展眼功能的投影寻踪思想。这种方法是将散布于高维空间的点云投影到低维子空间（人眼可以观测的空间），优化某一投影指标，找到若干个投影方向，使得低维空间点的散布结构最能反映高维点云的散布特征，通过研究高维数据在低维空间的散布结构，从而找到高维数据的特征。其寻找最佳投影方向的手段是通过人眼对连续方向的观察。该阶段并没有给出能用计算机直接确定最佳投影方向的有效算法。

（2）投影指标寻优。1974 年，Friedmen 根据 Kruscal 的思想提出了多元数据分析的投影寻踪算法[3]。此算法的主要目的是寻找一两个揭示多元数据特征的线性投影。Friedman 运用了固定角旋转（solid angle transport，SAT）技术，在初始投影方向的附近区域搜索最优的投影方向。从任意一个初始点开始，变动一个微小的固定角，当投影质量改善时，就沿这个方向继续搜索，否则就取相反的方向。在搜索投影方向时对每一维向量都必须进行相应的 SAT 运算。当空间维数增加后，数据结构变得复杂，可以从若干个不同的方向多次进行 SAT 运算，搜索最优的投影方向。该算法的实际应用表明，其解决了投影寻踪的两个基本问题：一是在低维空间中寻找更能揭示高维数据结构的投影；二是由多元数据在低维空间的散布以及局部密度两个测度的积构造投影指标，作为优化投影方向时的目标函数。

自此投影寻踪算法寻优时，主要是基于此旋转变换的思想，可以用各种方式的优化计算方法来实现，例如梯度下降法、高斯-牛顿法等。

（3）智能算法寻优。由投影寻踪原理可知，无论是手工投影寻踪还是机械投影寻踪，都需要寻找最优的投影方向，而随机开始的搜索是一个好的方式。现实问题是，当研究对象复杂时，多元数据具有复杂的拓扑结构，算法存在下列问题：如何从成千上万个区域内选取若干个采样点作为初始方向。初始方向选取不妥，收敛到最优解的时间就较长，有时甚至很难找到最优解。即使找到某些方向，那么旋转角度的大小直接影响算法的寻优效率，角度过小，计算耗时就长；角度过大，可能会失去某些最优解。针对此问题，研究引入一种全局优化算法——遗传算法，将反映高维数据结构特性的投影指标作为优化目标函数，在优化区域内直接寻找最优解，形成一种确定投影方向的新途径[4-6]。智能算法则采用从随机开始，逐渐寻优的思想，可用于投影寻踪的最佳方向选择。智能算法在投影寻踪方法中发展应用后形成的新的优化方法称为投影智能优化算法，其以数据驱动的智能学习方式给出最佳投影方向。

3.2 投影指标

自投影寻踪方法产生以来，投影指标因对找到最佳的投影方向具有决定性作用，一直是学术界研究的重点问题。文献［1］根据指标中是否含有密度函数，将投影指标分为了密度型投影指标和非密度型投影指标。本章从应用的角度出发，根据投影寻踪的应用目标对投影指标进行了分类，分别为聚类型指标、判别型指标、回归型指标和密度指标等。前两者更多是与密度有关的指标类型，而后三者则与贴进度有关。需要特别说明的是投影指标计算的直接对象是投影值，间接对象是投影方向，下面举例说明。

3.2.1 投影聚类指标

Friedman 和 Turkey 于 1974 年提出了投影寻踪聚类指标。该指标是从聚类的角度，为寻找多元数据的低维散布的结构特征而设计的。其基本思想是要求投影后的数据点在低维空间的散布形状结构为：局部投影点密集，最好凝聚为若干个点团；而从数据整体结构上来说，投影点团之间要散开，表明各类局部之间尽可能地分离。综合考虑这两方面的分类要求，定义一个指标，一方面应能反映高维数据点群投影到一维（二维）空间后的结构特征，另一方面应具有良好的性质，如仿射同变等，因此一个形式的投影指标可定义为 $Q(a)$。

$$Q(a) = s(a)d(a) \tag{3.1}$$

式中，a 表示一维投影方向的样本情形；$s(a)$ 表示投影点的整体散开度；$d(a)$ 表示投影点的局部密度。投影聚类指标 $Q(a)$ 越大，投影方向则越优。

3.2.2 线性投影判别指标

根据 Fisher 线性判别分析的思想，可构造线性投影判别指标。采用投影数据（点）的组间离差平方和 B 与组内离差平方和 W 的比来构造投影指标，计算投影指标时，先计算高维数据的统计量 B、W，再计算投影指标 Q，如式（3.2）所示。

$$Q(a) = \frac{a^{\mathrm{T}} B a}{a^{\mathrm{T}} W a} \tag{3.2}$$

$$B = \sum_{i=1}^{R} n_i (\overline{X}_i - \overline{X})(\overline{X}_i - \overline{X})^{\mathrm{T}}$$

$$W = \sum_{i=1}^{R} \sum_{j=1}^{n_i} (X_{ij} - \overline{X}_i)(X_{ij} - \overline{X}_i)^{\mathrm{T}}$$

式中，n_i 表示第 i 类的个数；$\overline{X}_i$ 表示第 i 类的均值；$\overline{X}$ 表示全体样本的均值；R 表示初始分类。线性投影判别指标 $Q(a)$ 越大，则投影方向越优。

3.2.3　Posse 投影判别指标

Posse 于 1992 年提出了投影寻踪判别指标[1]。该指标设计的基本目标是从判别的角度实现投影后的所有类别数据分开，并减少全局误判率，因此 Posse 以误判率作为投影指标。

假设 $G_1, \cdots, G_g$ 是一个多维集合的一组分类，有一维投影，则 r 是该集合到 R 上的一维映射，记为 $r:\{X\} \rightarrow R_g, Z = AX \in R_g, g = 1, \cdots, G$。$r$ 把 R 分成了 g 个互不相交的一维集合 $R_1, \cdots, R_g$；π_g 是类别 G_g 在总体中所占的比例，f_g 为类别 G_g 在投影方向 a 上的概率密度。每个样本只能属于一个集合，则 Posse 投影判别指标定义为

$$Q(a) = 1 - \sum_{g=1}^{G} \int_{R_g} (\pi_g f_g(Z)) \mathrm{d}z \qquad (3.3)$$

Posse 投影判别指标 $Q(a)$ 越小，则投影方向越优。

3.2.4　投影回归指标

设 (X, Y) 是一对随机变量，其中 X 是 p 维随机变量，Y 是一维变量，有自变量下的因变量 Y 的条件期望表达的回归式，如

$$f(X) = E(Y \mid X = x)$$

为 $X \rightarrow Y$ 的回归函数，如果采用 k 个岭函数逼近回归函数的形式，即

$$f(X) \sim \sum_{k=1}^{m} g_k(aX)$$

那么投影回归指标可以定义为

$$Q(a) = \int \left[f(X) - \sum_{k=1}^{m} g_k(aX) \right]^2 \mathrm{d}P \qquad (3.4)$$

式中，P 表示概率测度。投影回归指标 $Q(a)$ 趋于零，则投影方向最优。

3.2.5　投影密度指标

投影密度指标来源于投影寻踪密度逼近。所谓投影寻踪密度逼近就是用相对独立的一维密度函数序列 $\{f_k(\boldsymbol{X})\}$ 来逼近原来的高维密度函数，此时第 k 个密度函数可定义为一维投影值函数的乘积：

$$f_k(\boldsymbol{X}) = \prod_{j=1}^{k} h_j(\boldsymbol{a}_j \boldsymbol{X})$$

以密度函数的相关熵的空间距离概念来定义投影密度指标，有

$$Q(\boldsymbol{a}) = E(f \mid f_k) = \int \lg(f_k/f) f \, \mathrm{d}z \tag{3.5}$$

投影指标 $Q(\boldsymbol{a})$ 越小，投影方向越优。更多的投影指标可参看相关文献。

3.3　遗传算法

3.3.1　基本思路

随着现代计算机技术的飞速发展，用计算机语言可以描述许多自然行为，模拟事物的发展变化过程。遗传算法（genetic algorithm，GA）正是利用计算机语言模拟了生物进化行为来实现优化过程。生物进化行为主要体现为染色体变化和适应进化，遗传算法是利用计算机对参数进行编码来表示基因，如二进制和实数编码等，通过遗传、交叉、变异和迭代来实现染色体变化和基因进化过程的。其具体过程如下：

① 用二进制或实数的计算机编码模拟参数的母代染色体基因种群。

② 用待优化的目标构建优化适应度函数，引导生物进化选择的方向。

③ 用数字编码串之间的交叉模拟生物染色体之间的组配。交叉可获得目标更优的子代。

④ 用数字编码之间的随机转换，例如二进制的 0 与 1 转化模拟生物的变异。变异可获得目标更优的子代。

⑤ 用新旧数字编码的更替模拟生物进化中的遗传。遗传可获得目标更优的子代。

在遗传算法的计算机实现中，存在三个关键问题：基因编码、基因进化和适应度函数。首先，假设待优化的参数为 x，如何对参数进行数字编码？其次，在原始母代编码的基础上如何设计选择、交叉、变异和遗传算子实现子代优化？再次，假设均存在一个作为判定遗传优化效果的目标函数，目标函数值越大，说明基因越好，越容易在进化中生存，如何定义目标函数为种群适应度函数 f？目前对遗传算法存在的这三方面根本问题已经有了很好的解决方案，本章只介绍简单的遗传优化技术。

3.3.2　基本步骤

遗传算法的优化对象为参数，实现过程包括编码、选择、交叉、变异和遗传五个基本操作步骤。首先编码是随机生成优化参数的初始母代种群，然后通过选择、交叉、变异和遗传的计算过程获得子代种群，直到子代种群满足适应度函数的精度要求后停止遗传优化计算，最后输出优化参数值。下面给出了一般实数编码的遗传优化计算的主要步骤，包括 4 个模块，即参数种群母代个体的初始生成与选择、个体杂交、个体变异和个体遗传。

3.3.2.1　参数变量初始母代总群生成与选择

（1）初始编码。可采用二进制编码和实数编码两种方式。假设二进制编码长度为 l，在参数变量的实数取值区间 $[a,b]$ 内划分的子区域个数为 2^l-1 个，则参数变量 x 在 $[a,b]$ 内取实数值的二进制转换公式为式(3.6)。

$$x = a + (b-a) \times \frac{\sum_{k=1}^{l} g_k \times 2^{l-k}}{2^l - 1} \tag{3.6}$$

式中，g_k 为第 k 个二进制编码，取值为 0 或 1，随机生成。

除此之外，可直接利用随机数生成器在变量的解空间 $[a,b]$ 中随机抽取 n 个独立的实数，形成初始种群。由于采用二进制编码的遗传算法计算精度受到编码长度控制，另外，当实际问题中变量范围较大时，编码的选择、交换需要进行频繁的编码和解码，计算量大，因此在遗传算法中用实数变量进行编码。研究表明，实数编码的遗传算法具有更高的优化效率[7]。其具体过程如下。

假设存在 p 个待优化变量，x_j 为第 j 个优化变量，$[a_j,b_j]$ 为变量的优化区间，g_j 为 x_j 对应到 $[0,1]$ 区间上的随机实数，称为基因，一组基因

$(g_1,\cdots,g_p)$ 构成一组个体编码，对每一个 0～1 区间个体编码 g_j，在对应的参数变量实际优化区间内进行如下的计算转换。

$$x_j = a_j + g_j(b_j - a_j) \quad j=1,\cdots,p \tag{3.7}$$

实数编码的遗传算法计算过程基本同于二进制编码的遗传算法，只是用参数变量在 $[0,1]$ 上的实数基因代替二进制中的 0，1 编码，用实数基因编码直接参与优化计算。

（2）个体评价。定义个体适应度为优化目标函数的函数，即适应度函数 f。假设初始种群规模为 n，则对 n 个 $\{X_i\}(i=1,\cdots,n)$，计算所有个体的适应度函数值 $\{f_i\}$，根据 f_i 值的大小来评价个体生存选择的大小；如 f_i 值越大，个体被选择的概率越大。

（3）个体的选择。确定个体选择概率，根据适应度函数来计算个体被选择的概率，当随机产生的概率大于选择概率时，此个体才能进入下一代个体中，否则基因编码不能进入下一阶段的运算。

3.3.2.2　个体杂交

（4）数值编码间的杂交。从 n 个初始个体中随机抽取 1 或 2 列样本编码，以随机方式确定杂交概率后，可以采用单点或双点杂交的方式，通过两个编码列之间的交换位置，确定进入下一步计算的 n 个子代个体。

3.3.2.3　个体变异

（5）数值编码的变异。用适应度函数构造杂交算子，计算个体变异适应度。当某变量的某位编码上的随机数大于变异概率时，就将原来为 0 的编码变为 1，原来为 1 的编码变为 0，完成变异。以上操作为二进制编码中的单点变异，同样可以采用双点或多点变异方式对多个位置的个体编码进行变异操作。

3.3.2.4　个体遗传

（6）新旧样本的替代。将父代与子代混合，回到步骤（2），选取适应度函数值最优的前 n 个个体，再进入下一交叉、变异和遗传的过程；通过多次迭代循环过程，直到求得满足优化目标函数的最优解，结束优化过程。

遗传算法的实现是一个反复选择的过程，在多次选择中保留一组父母代候选解，通过一些算子（选择算子、交叉算子、变异算子和遗传算子）的运算，产生新一代候选解，如此循环，直到遗传选出最优目标函数对应的一代基因编码。

3.3.3　基本特点

遗传算法来源于生物学中的新达尔文主义，体现了生物进化中的四个要素，即繁殖、变异、竞争和自然选择，是利用计算机的模拟运算过程来描述生物进化的过程，在解决不同类型问题时，都能够按照类似生物进化的方式取得问题的最优解。传统的优化算法在求解结构复杂、参数较多的模型时会出现许多问题：当研究对象复杂时，由于无法得到目标函数导数的信息，在迭代优化时出现困难；另外，传统的优化方法采用的是点到点的逐步搜索，易陷入局部最优的困境。而遗传算法是一种隐性并行非数值算法，它基本解决了上述问题，能很好地处理非连续、多峰、非凸的优化问题，有较大的把握取得最优解。遗传算法与常规优化算法（如梯度下降）相比有以下不同：

（1）遗传算法不直接与参变量联系，而是产生代表参变量的字符串（可以用二进制编码或实数编码的字符串）。

（2）遗传算法的优化不是从某一点开始，而是从一群随机点开始，通过初始种群的选择办法，避免单点可能产生的局部最优问题。遗传优化是一种随机优化。

（3）遗传算法在优化过程中，不需要目标函数的微分倒数，而只需要计算优化变量的目标函数的适应度值，计算过程简单。随着计算机技术的快速发展，大规模仿真计算能力极大提高，保障了遗传优化的效率优势。

（4）遗传算法优化的规则不是可定的，而是由概率（包括选择概率、交叉概率和变异概率等）来决定，更像是随机优化，通过多次随机在适应度函数的引导下形成迭代优化等过程。

Holland 教授曾指出，遗传算法是按类似自然选择的方式进化而来的计算机程序，其能够解决连设计者都没有完全理解的复杂问题。自简单遗传算法提出以来，立即引起了应用领域的广泛重视，其被大量用于解决复杂程度各不相同的问题。应用表明，此算法不仅具有应用的广泛性，而且在解决一些复杂问题时的确获得了简单而有效的解。优化模型参数是此算法应用的一个重要方面，它有效地解决了复杂模型的参数优化问题，可建立适用于复杂研究对象的有效模型，同时也简化了计算过程。随着选择、杂交、变异和遗传优化算子的研究发展，遗传优化算法也表现出更好的优化绩效。

3.4　投影智能优化算法

3.4.1　智能优化思路

根据智能优化的基本原理，以投影方向为优化参变量，进行遗传编码，用投影指标作为优化目标函数来构造遗传优化的适应度函数，以参变量的适应度函数构造选择、交叉、变异和遗传优化算子，采用遗传算法来优化投影方向参数，形成以投影方向参数为优化对象的投影寻踪智能优化算法。

运用遗传算法优化参数的关键有三点：①要求待优化的变量有明确的值域，即取值范围，遗传算法通过数值模拟的方式在此范围内寻优。在投影寻踪方法中，投影方向即是遗传算法的优化变量，其有明确的取值范围，为$[-1,1]$。②要求优化变量满足约束条件，作为遗传优化可行解筛选的必要条件。在投影寻踪智能优化算法中，要求投影寻踪方向参数的模为1。③要求有确定的衡量最优的目标函数，用来构造遗传算法中的适应度函数。在投影寻踪方法中，投影指标则对应为目标函数，也是构造适应度函数的基础。

根据遗传算法使用的两个条件（优化变量的取值区间和优化目标函数），规定投影方向的长度范围为单位长度，则投影方向 $\boldsymbol{A}$ 的模为1，投影方向行矩阵中的各分量满足 $\sum\limits_i a_i^2 = 1$；同时确定投影指标 Q 为目标函数，实数编码遗传算法面对的优化问题为

$$\begin{cases} \min Q(\boldsymbol{A}) \\ \|\boldsymbol{A}\| = 1 \end{cases} \tag{3.8}$$

在实数编码遗传算法的基础上，寻找一维投影方向的基本思想是：首先在单位超球面中随机抽取若干个初始投影方向，计算其投影指标的大小，然后根据投影指标计算适应度函数值，以适应度值取大为原则，依据投影方向及其适应度值进行多次遗传算法操作，最后确定最大适应度值对应的投影方向作为最优投影方向。

投影寻踪智能优化算法的技术路线组成如图 3.1 所示，包括 4 个模块：①数据预处理；②调用随机函数生成初始投影方向；③调用智能优化算法子函数进

行迭代优化；④计算结果输出。其中，计算收敛规则的判定通常是指当再进行遗传优化迭代已无法改善方法的优化效果评价指标时，则结束运算，输出结果。

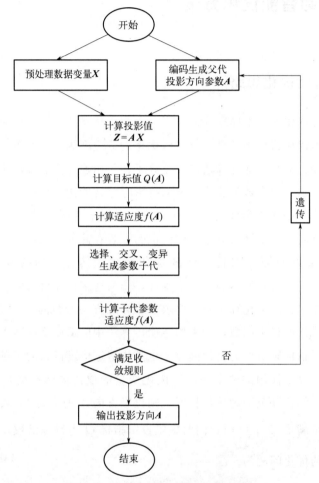

图 3.1　投影寻踪智能算法技术路线

3.4.2　数据预处理

在基于数据的建模学习中，包括两个关键活动，即感知与认知。数据收集及处理属于研究主体的感知活动，而投影寻踪耦合学习则是认知活动。建模时的数据感知分析包括变量感知、数量感知，是基于数据建立模型的基础工作。数据预处理就是建立定量模型前的感知活动，可分为四个阶段：确定客体对象的初始变量、收集变量数据、评价与提取有效变量和数据变换处理。

3.4.2.1　确定变量

首先必须确定描述研究客体的研究变量，然后利用数据收集技术完成变量数据的收集。研究变量的初步确定可以根据专家经验和文献综述研究法实现，如描述经济增长的指标变量可以用国内生产总值（GDP）、消费价格指数（CPI），描述服务效率的指标变量可以用等待时间等，要根据研究的问题目标逐一确定不同维度特征下的若干个具体指标变量。

3.4.2.2　收集数据

收集数据是对研究对象指标的量化过程。随着数字化推进，数据收集的手段方法多种多样，并具有行业领域特点，根据数据的类型可采用不同的数据收集手段。对于定量结构指标数据，可用传感器设备、数据检索等客观工具收集，是在自然科学领域常用的数据收集方法；对于定性指标变量，则采用问卷调查、焦点访谈和田野调查等主观方式获取，是在人文社科领域常用的数据收集方法。

3.4.2.3　评价与提取有效变量

当收集的客体变量众多时，需要对变量进行筛选评价，以得到能反映研究客体对象特征的关键有效变量，简化模型计算的难度，同时避免维数灾难的产生。变量筛选可以运用统计学方法，如变量相关系数、统计检验等方法；如果两个变量的相关性极强，则可以删除其中一个变量，或者通过主成分、因子分析的统计方法进行变量提取预处理。

3.4.2.4　数据变换处理

明确了数据变量后，需从数据分布、数据量级、数据量纲和数据偏离等方面对变量进行初步的描述性数据分析，必要时进行数据变换处理。由于很多方法在使用时都有正态分布的假设，因此变量的正态分布性对学习有影响，检查变量分布的偏度系数和峰度系数后，对于非正态分布数据可以进行正态变换；复杂系统中存在自然、行为等各维度的多变量，其量纲不一致，量纲之间的数量级差会对学习建模产生干扰，需采用归一化方式对原值数据进行数据变换，或采用重新取值如假变量的方式预处理原值数据；对于偏离样本中心太大或太小的异常数据，则需要分析产生偏离的原因，用离群点检测方法进行诊断，确定是否应该删除或者单独分类处理这些离群点。数据预处理是数据分析的重要环节，是统计模型建立的前提，在统计学中有很多数据预处理的方法可参考借鉴。

3.4.3 遗传优化步骤

设 p 为解空间维数，代表投影方向优化变量的个数；m 为遗传算法的种群规模，指投影方向的基因个体数；$a_{ij}(i=1,\cdots,m;j=1,\cdots,p)$ 为投影方向行矩阵 A 的第 i 个个体的第 j 个分量，又称投影方向参数；$g_{ij}(i=1,\cdots,m;j=1,\cdots,p)$ 为与 a_{ij} 对应的实数编码；Q 为投影指标。基于实数编码的遗传算法寻找最优投影方向的步骤如下：

第一步，生成投影寻踪方向参数的初始父母代种群。在 p 维空间中按种群规模 m 在单位区间 $[0,1]$ 内随机选取 $m \times p$ 个随机数 g_{ij}，代入式（3.7），计算得到第 $i(i \in m)$ 个投影方向 $\boldsymbol{A}_i$ 参数的分量值为 $a_{ij}=-1+2g_{ij}$，对每个投影方向个体使得 $\sum\limits_{j=1}^{p} a_{ij}^2 = 1$。

第二步，计算投影寻踪方向个体的适应度。计算第 i 个个体的投影指标 $Q(\boldsymbol{A}_i)$，目标函数值越小则适应度值越大，取投影指标的倒数构建遗传适应度函数，据此第 i 个解的适应度函数定义为

$$f_i = \frac{1}{Q(\boldsymbol{A}_i)+\theta} \tag{3.9}$$

式中，θ 是根据经验确定的一个小值，以防止分母为 0。

第三步，选择遗传优化的投影寻踪方向个体。在初始种群中，假设选择概率为 ps_i，根据选择概率在父母代种群中重新选出第一个子代群体 $g1_{ij}$。用比例选择的方法定义第 i 个父母代个体的选择概率为

$$ps_i = \frac{f_i}{\sum\limits_{i=1}^{m} f_i} \tag{3.10}$$

令 $p_i = \sum\limits_{k=1}^{i} ps_k$，这样 p_i 把 $[0,1]$ 区间分成 m 个子区间，并与父代的个体建立了一一对应的关系。首先生成 $m-5$ 个随机数 $\mu_i(i=1,2,\cdots,m-5)$，如果 μ_i 落在 $[p_{i-1},p_i]$ 中，则选出第 i 个个体，使得 $g1_{ij}=g_{ij}$，否则不选择；然后将其余 $m-5 \sim m$ 的 5 个父母代个体直接移入子代个体中，即 $g1_{ij}=g_{ij}(i=m-5 \sim m)$，其中 "5" 为超参数。以上过程实现了选择结果的随机性，实现了在比较个体选择概率与随机数的基础上判定是否选择母代。

第四步，投影寻踪方向参数基因杂交。对初始种群进行杂交操作产生第二

个子代群体 $g2_{ij}$。在实数编码遗传算法中，一个基因就代表一个待优化的变量，为了保持种群的多样性，根据选择概率选出两组基因进行杂交，进行如下两种情形的随机线性组合：

$$
\begin{cases}
g2_{ij}=\mu_1 g_{i1j}+(1-\mu_1)g_{i2j} & \mu<0.5 \\
g2_{ij}=\mu_2 g_{i1j}+(1-\mu_2)g_{i2j} & \mu\geqslant0.5
\end{cases}
\tag{3.11}
$$

式中，μ_1、μ_2、μ 为随机数；$i1$、$i2$ 为任意两个基因编号。以上杂交运算的目的是寻找父母代已包括但未被合理利用的信息。基因杂交也是随机计算过程，两个母代基因是否进行杂交取决于上述三个随机数，与母代的适应度函数无关，这在某种程度上解决了基因参数的局部收敛问题。可以采用这种方法在母代种群的基础上重新随机变异生成全部新子代。

第五步，投影寻踪方向参数基因变异。对初始种群进行变异操作产生第三个子代群体 $g3_{ij}$。对于任意一个父母代个体 g_{ij}，如果它的适应度值越小，那么由其倒数计算的选择概率就越大，此时应该选择较大的变异概率。定义第 i 个母代个体变异概率为 $pm_i=1-ps_i$，生成一个变异随机数 um，当后者大于前者时，选择不变异；相反则选择变异为 μ_j，写成数学式为

$$
\begin{cases}
g3_{ij}=\mu_j & um<pm_i \\
g3_{ij}=g_{ij} & um\geqslant pm_i
\end{cases}
\tag{3.12}
$$

式中，$\mu_j(j=1,\cdots,p)$、um 均为随机数。以上变异运算的目的是引入新的基因子代，增强群体的多样性。

第六步，投影寻踪方向参数子代遗传。对三、四、五步产生的 3 组子代，根据式（3.9）分别计算子代基因的适应度值，如果以目标函数大为目标，则将适应度数值由小到大排序，取出位于前面的 m 个小值个体作为新的一代，实现遗传选择；然后将新的子代重新代入到第三步，进行下一个循环的选择、杂交、变异和遗传计算。

第七步，投影寻踪方向参数的输出。经过一定的优化循环次数后，根据先验知识输出投影方向参数 $\langle a_{ij}\rangle$。通常选择适应度值最小的，也就是投影指标最大的参数结果作为最优投影寻踪方向。

在上述投影方向遗传优化算法中，关键在于根据变量线性投影后计算得到的投影指标构建基因适应度函数，用于寻找最优投影方向，同时优化后输出投影值，此时的低维投影值最能反映高维数据的低维结构特征。投影寻踪智能算法的困难在于收敛准则的确定，需根据实际问题确定，如判别问题取决于判别正误的原则，而回归问题则取决于误差项的改善原则等。此外，遗传优化的过

程中也需要关注相关的超参数问题，以及四个遗传算子的改进问题，目前已有
很多研究成果可供参考。

3.5　算法实现

投影寻踪智能算法的目标为采用智能优化算法如遗传算法完成对投影寻踪
方向参数的优化，是实现投影寻踪耦合学习方法的重要一环，当然在某些特定
情况下，也需要与投影寻踪耦合学习方法中的其他参数优化方法一起，通过参
数的分组协同完成方法中全部参数优化。

3.5.1　耦合转化

由于投影寻踪耦合学习方法中参数类型多，因此为提高投影寻踪耦合学习
的效率，对多组参数的协同优化采用非直接耦合的形式（也称为分布式优化学
习的方式）。优化耦合中每个优化方法均建立自己的参数学习模块，每个学习
子模块均完成各自子组参数优化，各子模块由主模块统一调用，协同完成投影
寻踪耦合学习的系统建模。以投影寻踪聚类和回归为例，以投影寻踪方向与遗
传基因编码为连接基础，投影寻踪耦合学习与遗传智能优化算法的两个子模块
的对应转换关系如图 3.2 所示。

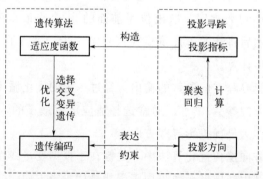

图 3.2　投影寻踪与遗传算法的转化耦合关系

在上述优化中，超参数包括适应度函数中的 θ、遗传选择中的预留父代个
数 m、算法收敛迭代的次数，遗传基因采用 0 和 1。整个优化过程所依赖的随

机数生成器，以上超参数会影响优化的整体效率，对优化计算时间也有一定影响，解决的方法为试算等。

3.5.2　程序执行

基于上述耦合关系（图3.2）的投影寻踪智能算法的流程如图3.3所示，可作为程序编码的依据。

在假定超参数的基础上，投影寻踪耦合学习算法的主程序模块将调用的子模块包括变量数据读入、投影方向参数编码、投影指标计算、适应度函数计算、遗传优化实施和优化结果输出六大模块。主程序模块的执行内容如下：

主程序模块 Program main
Dimension $A(m), Z(m), f(3N), X(m,n)$
Input $X(m,n)$ //表示函数调用不是变量；
Call Code $A(m)$
Call Fun $Z(m)$ //投影值；
Call Fun $f(Z)$ //适应度函数；
Call Rga (n,m,A,X,f) //遗传优化。
Call Output (A_0, Z_0, f_0)
End

主程序中各子模块的执行内容如下：

（1）自变量输入模块 Input $X(m,n)$

$$\begin{cases} \text{For } j-1 \text{ to } m, i=1 \text{ to } n \text{ do} \\ \text{Read } x(j,i) \\ x(j,i)=(x(j,i)-x_{\min}(j))/(x_{\max}(j)-x_{\min}(j)) \end{cases}$$

（2）初始方向实数编码 Code $A(m)$

$$\begin{cases} \text{Let } a=-1, b=1 \\ \text{For } j=1 \text{ to } m \\ a(j)=a+(b-a)u_0(i,j) \end{cases}$$ //$u_0(i,j)$ 为 N 个基因实数编码。

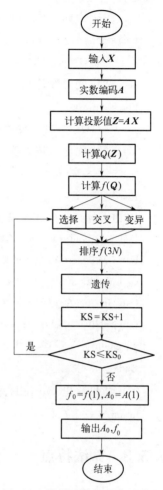

图3.3　投影遗传优化算法流程
（KS为循环优化计数器，KS_0 表示
一个给定的循环终止变量，A_0、
f_0 分别表示最终的投影方向
输出值和适应度函数值）

（3）投影指标计算 Fun $Z(m)$

$$\begin{cases} \text{For } i=1 \text{ to } n, j=1 \text{ to } m \text{ do} \\ Z(i)=Z(i)+a(j)X(j,i) \end{cases}$$

（4）适应度函数计算 Fun $f(Z)$

$$\begin{cases} \text{For } i=1 \text{ to } N \\ f(i)=f(Q(Z(i)))//Q \text{ 为投影指标。} \end{cases}$$

（5）遗传优化（选、交、变、遗）$\text{Rga}(n,m,A,X,f)$

$$\begin{cases} \text{If KS} > \text{KS}_0 \text{ go to End} \\ \text{Else} \\ \text{Call Fun } f(Z)//\text{计算编码的适应度函数值;} \\ \text{Call Selection}(A)//\text{调用选择算子;} \\ \text{Call Crossover}(A)//\text{调用交叉算子;} \\ \text{Call Mutation}(A)//\text{调用变异算子;} \\ \text{Call Genetic}(A)//\text{调用遗传算子;} \\ \text{Call Shell}(f(3N))//\text{将适应度值从小到大排序;} \\ f_0=\min(f(3N))//\text{寻找最小值。} \\ \text{End} \end{cases}$$

（6）结果输出 $\text{Output}(A_0,Z_0,f_0)$

$\text{Output} A_0,Z_0,f_0$

3.5.3　算法特点

　　尽管投影寻踪产生于 20 世纪，但从其近年的研究发展来看，在现代大数据理论及方法快速发展的新时代，引入智能优化算法后，该方法在下列方面具有良好的延展性和适应性。

　　（1）投影智能优化算法的柔性。将高维数据变量通过投影变换后，在低维空间内进行数据特征的直接观察或函数拟合观察，都可以很好地发现数据的特征结构；并且随着观察视角的不同，该方法具有广泛的解决现实问题的柔性，如聚类视角下的分类、判别视角下的决策、函数拟合视角下的预测、密度拟合视角下的模拟等。

　　（2）投影智能优化算法的可嵌入性。投影寻踪方法的核心是最优的投影方向，而最优投影方向本身就是一个优化问题。智能优化算法在帮助投影寻踪方法寻找最优方向的过程中，嵌入不同的投影指标，可形成新的投影寻踪学习方法；并且相对于传统统计优化方法，智能算法对多元复杂数据结构具有更广泛的适应性，在某种程度上促成了投影寻踪方法本身优秀的可持续发展空间。

（3）投影寻踪智能优化算法的可拓性。作为一种多维数据的统计分析方法，投影寻踪耦合学习方法中投影方向参数优化方法是数据驱动的学习方法，能促使投影寻踪统计方法以智能的范式充分挖掘数据信息，实现数据驱动的智能学习目标。随着遗传优化算法外其他智能优化算法的发展，投影寻踪智能学习方法也将进一步发展。

3.6　本章小结

由于参数优化方法的限制，投影寻踪统计方法的适应性受到限制，不能满足实际应用时有解的要求。本章给出了便于实际应用的简便智能算法，将投影寻踪统计方法转化为便于实践的投影寻踪智能算法技术。关键技巧体现在下列方面：

（1）首先，将智能优化算法的适应度与投影寻踪方法中的投影指标进行巧妙结合，根据研究的问题，由投影寻踪指标来构造智能优化算法中的目标适应度函数，既确保投影的收敛性，也实现参数优化的目标。投影指标的构建需依据解决问题目标来具体确定，而耦合优化的计算路径一般为"输入值→投影值→投影指标值→适应度值"，如图3.4所示。

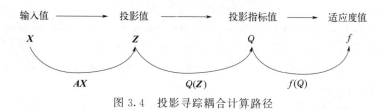

图3.4　投影寻踪耦合计算路径

（2）其次，将投影方向参数与遗传算法的随机编码紧密结合，从而简便实现投影寻踪智能优化算法的原理。投影寻踪方向参数编码可以采用实数随机编码的形式，在初始规模化种群的基础上实现随机优化。依照此优化思路，通过智能算法优化目标适应度函数的重构，不仅可以在高维数据统计分析中实现多种类型投影寻踪统计方法参数优化的拓展，包括基于不同投影指标的投影寻踪聚类与判别、投影寻踪回归、投影寻踪密度估计等；而且有利于实现基于投影寻踪的一系列耦合方法的广泛建模应用，包括综合评价、需求预测和管理决策等，这些将在后续章节具体介绍。

（3）最后，在投影寻踪方向参数的学习策略方面，遗传算法对多种类型的投影指标具有灵活的适应度，可以实现一维或者多维投影方向参数的学习。本章重点给出了一维情形，对于两维以上情形的学习可采用后续章节的"贪婪策略""残差策略""可加策略""删减策略"等。

需要指出的是，目前智能优化算法有着迅猛的发展，本章从研究思路的角度只给出了几个投影指标的形式，遗传优化算法也是初级算法，先进优化算法研究未作为本章的重点，实际应用时根据相关文献可优化调整[8]。另外，本章未进行随机多维投影的算法研究，只提供了一些简单的思路，后续可依据相关投影指标（如两维情形）展开深入研究。

参考文献

[1] Posse C. Projection pursuit exploratory data analysis [J]. Computational Statistics & Data Analysis, 1995, 20: 669-687.

[2] Kruscal J B. Toward a practical method which helps uncover the structure of a set of multivaritate observations by finding the linear transformation which optimizes a new index of condensation [M] // Milton R C, Nelder J A. Statistical computer. New York: Academic Press, 1969.

[3] Friedman J H, Tukey J W. A projection pursuit algorithm for exploratory data analysis [J]. IEEE Trans Comput, 1974, 23 (9): 881-890.

[4] Wu W, Guo Q, Questier F, et al. Sequential projection pursuit using genetic algorithms for data Mining of analytical data [J]. Anal Chem, 2000 (72): 2846-2855.

[5] Espezua S, Villanueva E, Maciel C D. Towards an efficient genetic algorithm optimizer for sequential projection pursuit [J]. Neurocomputing, 2014, 123: 40-48.

[6] Lee E K. PPtreeViz: Projection pursuit classification trees visualization [J]. Journal of Statistical Software, 2018, 83 (8): 1-30.

[7] 玄光男, 程润伟. 遗传算法与工程优化 [M]. 北京: 清华大学出版社, 2004.

[8] Espezua S, Villanueva E, Maciel C D. Towards an efficient genetic algorithm optimizer for sequential projection pursuit [J]. Neurocomputing, 2014, 123: 40-48.

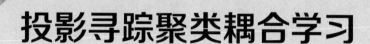

第 4 章

投影寻踪聚类耦合学习

本章在投影寻踪耦合原理、投影智能优化算法的基础上，结合多元统计聚类的基本思想给出了投影寻踪聚类耦合学习方法。首先回顾了投影寻踪聚类方法的理论及应用研究，然后从耦合机制的角度，重点讲述了一维情形下静态及动态两种投影寻踪聚类建模方法，基于网络强化学习结构的多维投影和基于聚类思想的高维离群点检测方法，最后给出了聚类算法的实现流程。

4.1 产生背景

投影寻踪聚类是投影寻踪方法谱系中理论和应用研究最多的内容，并且在多个行业领域有着广泛的应用。随着网络技术发展，投影寻踪聚类方法得到了持续不断的发展。投影寻踪聚类与判别是在传统聚类分析基础上的高维投影与低维聚类两个模块的顺序耦合，研究重点是在高维投影中找到最佳最有趣的投影方向（可以是 1～2 维的投影方向），而在低维聚类模块中则通过观察手段和采用多元聚类方法完成数据分类研究。

聚类分析的最初思想是模仿分类学家的行为，主观地将一些样本数据点合并为可参考的初始聚类中心，以这些初始聚类中心来判别其他样本的类型。聚类与判别具有相似性，可以说是多次判别分析的结果。将样本归入与参考类别中心最接近的类，通过不断调整聚类中心可得到不同的数据分类结果。聚类分析的基本要素有类别数量、类中心和类距离（密度），而多元聚类分析就是将高维空间中的数据点分成若干个空间类别的分离过程。一般来说，实现高维空间数据分类所面对的首要问题就是降维，将高维空间的数据点变换到低维空间后再进行分类。

1936 年，Fisher[1] 在研究多元数据下的鸢尾花数据判别问题时，开创了线性判别分析的思路，其实质是一种投影寻踪方法。

假定每种花有 p 个性状，在空间坐标上散布为 p 维空间上的 1 个数据点。设有两种花的样本类 $X^k (k=1,2)$，各含有 n_1、n_2 个 p 维数据变量 $\chi_{ij}^k (i=1,\cdots,n_k; j=1,\cdots,p; k=1,2)$，用它们可以构造一个线性判别函数 $Z=a^{\mathrm{T}}X$ $(a, X \in \mathbf{R}^p)$ 及某个阈值 τ。对于类别待定的某个高维数据点 X'，将它代入判别函数 $Z'=a^{\mathrm{T}}X'$，若 Z' 大于 τ，判别为第 1 类，否则为第 2 类。

Fisher 给出的线性判别函数实质为：将两个样本类 X^1、X^2 的全体投影到一维方向的直线上去，以 $Q=$ 两类的中心离差/类内离差的平均作为两类分离程度的度量。当分离度达到最大时，确定判别函数中的 a，而 τ 值即为两类中心连线的中点。在此线性判别分析中，a 即为投影寻踪方法中的投影方向参数，而 Q 为投影指标，Z 为投影值，这就构成了投影寻踪聚类的雏形。

1970 年，Switzer[2] 对牙买加化石的数值进行分类时，引入了 Fisher 的上述判别思想，提出了基于"无引导的多次判别"的投影寻踪聚类的想法。

首先，将 n 个样本数据 $X_i (i=1,\cdots,n)$ 投影到一维子空间 a 上，得到 1 维数据点 $Z_i=a^{\mathrm{T}}X_i (i=1,\cdots,n)$；然后把它们从大到小排列，其中 n_1 个最小值作为第 1 组，其余 n_2 个作为第二组，应用 Fisher 的分离度投影寻踪指标 $Q=$ 两类中心离差/类内离差平均寻找使指标 Q 值达到最大的方向 a；接着分别对第 1 组和第 2 组采用相同的办法进行二次分类，直到数据点无法分开为止。这种分类方法的特点是在初始分类时没有一个标准分类作为引导，而完全通过样本的自学习达到相对分类的效果，并且通过连续"二分类"判别实现多分类的效果，可以处理两类以上样本的分离问题。

1974 年，Friedman 和 Turkey 明确地提出了投影寻踪的思想：先将数据集投影到低维（1~2 维）子空间上，然后定义好一个投影指标 Q，利用投影后的低维数据，用计算机寻求方法使投影指标达到极大的一个（或两个）投影方向（或平面），最后给出高维数据在直线（或平面）上的数据投影，由计算机图像系统显示出来，用肉眼直接判断数据的结构。自此正式形成了投影寻踪方法的基本思路。

此后在投影寻踪思想下，学者们在投影指标、投影方向寻优两个方面进行了深入细致的拓展研究，从理论和应用两个层面推动了投影寻踪方法的发展。另外，借助计算机技术和智能算法的发展，投影寻踪聚类耦合学习方法出现，并呈现出更新迭代发展及应用趋势。

运用智能优化算法，将寻找最佳投影方向的问题转换为一个最大化投影指标的优化问题，采用实数编码遗传算法给出了投影寻踪聚类分析方法并将其用于水资源环境领域的分类及判别问题研究[3]。自此，智能优化算法成为投影寻踪方向优化的关键方法[4-6]，为耦合提供了新路径，同时也发展了投影寻踪聚类耦合学习。

在网络环境下，将投影与网络强化学习相结合产生了赫布学习规则的探索性投影寻踪学习方法[7,8]，可在两维空间下用于高维聚类研究。赫布学习是网络学习中的一种强化学习方法，通过负反馈加强对已完成投影的强化传导和投影寻踪赫布强化学习对探索性投影寻踪中学习策略的创新研究，在两维投影的学习中能提高学习的效率。

采用投影聚类原理提出了高维离群点可视化检测的投影寻踪方法，用于多元和多元时间序列离群点检测研究。其基本思路是假设高维样本观测值源于同一总体，通过最大化 4 阶矩（kurtosis）偏态系数，找到最佳的投影方向，模拟给出高维样本观测值的低维投影输出值，对模拟输出值与实测值之间的偏差进行统计检验，从而在低维子空间判别高维离群点。

将树结构与投影降维的思想相结合，用低维投影作为分类变量进行循环二分类，产生了投影寻踪分类树方法[9] 用于分类研究。每一次二分类均对一维投影值进行二分类，直到数据不可分为止。其中投影方向参数则表示每个变量在分类中的重要性。

投影寻踪聚类是探索性投影寻踪方法的重要部分，主要用于化学领域[10,11]、水资源水环境和模式识别领域[12]。楼文高等系统给出了基于多个智能算法的投影寻踪统计学习及其应用研究成果[13]。

4.2　聚类原理

投影寻踪聚类是一种探索性统计分析方法，投影寻踪聚类学习是一种无监督学习方式，是基于多元聚类分析与投影寻踪聚类的基本原理，采用遗传算法，在选定的投影指标的基础上，根据分类样本数据进行投影方向学习的方法。投影寻踪聚类学习的目的在于通过在低维空间观察高维样本数据的特征规律对高维样本实现分类。该方法的特点是数据变量只有 X，没有 Y，需根据样本数据的自组织分类原则来确定样本特征的类型，给出相应的分类投影值 Z，将低维投影值 Z 作为高维样本特征信息提取后的输出值，生成一个外生变量标签，并根据此标签进行样本多维属性特征的综合标识，识别高维样本的属性特征规律，从而完成高维度聚类分析。

低维投影、分类方法和优化算法是投影寻踪聚类学习的核心要素。其中，分类方法可采用 K 均值聚类法。该方法是一种自组织分类方法，在多维度下，用样本偏差系数 CV 计算维度的权值，即标准差与均值的比，维度权值越大，则该维度内样本指标值之间的偏差越大，说明该指标维度下的样本值具有显著差异性，而各维度之间的权值差异越显著，就越易于区分所有样本之间的差异。运用 K 均值聚类可以实现多维变量的加权聚类研究。

多维聚类中，仅体现各维度内样本值之间的差异性权重是不够的，最好的聚类应该是类的区别与联系，即类内紧密联系、类间区别分离，那么类间用方差，而类内就用密度，即距离，由此采用两者的乘积构造一个聚类指标，通过优化聚类指标以确定线性权重实现多元聚类的目标。类内密度可采用距离，以中位数或均值作为类中心，则离中位数越远的正向或者负向的样本密度值越小，因此可以用变量样本值与中心的距离的累计和来测量类密度。如果变量是多维时，就需要先确定各维度变量权重，构造一个综合值，再采用一维聚类方法对综合值进行聚类分析。假设变量权重为 W，变量加权综合值 $U=WX$，对综合值 U 进行聚类分析时的方法有很多，而确定变量权重 W 的方法也有主观法和客观法。

在高维数据聚类时，耦合的前提在于选择。在投影寻踪原理的基础上，对变量权重、类方差、类密度等这些聚类耦合要素进行类比分析后，就形成了投影寻踪聚类学习的耦合基础。在纵向上，投影与聚类两个模块进行耦合；在横向上，投影模块中投影方向的优化算法、投影维度和投影指标进行选择组合，而聚类模块上聚类绩效、静态形式和动态形式进行选择组合，共同构成了投影寻踪聚类学习方法的多样性。投影寻踪聚类学习的耦合原理如图 4.1 所示。

从投影模块来看，投影寻踪聚类方法以划分高维数据特征的类为目标，要求高维数据投影后的数据点在低维空间的散布形状应为：局部投影点密集，最

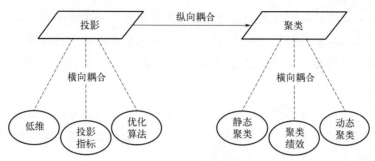

图 4.1 投影寻踪聚类耦合框架

好凝聚为若干个点团；而从整体上，投影点团之间要散开，表明各类之间尽可能地分离。这也构成了投影寻踪聚类的基本原则。在满足这两方面原则要求的基础上，可以定义一个投影指标，作为样本数据的分类原则的表达，挖掘高维数据点群被投影到一维（二维）空间后所形成的低维数据结构特征，此时低维点群作为研究高维数据结构的对象依据。而投影寻踪聚类中的投影方向类似于多元聚类中变量的权重值，投影值等同于综合聚类值。

依据类间及类内的聚类原则，Friedman 投影指标定义为

$$Q(\boldsymbol{a}) = s(\boldsymbol{a})d(\boldsymbol{a}) \tag{4.1}$$

式中，$s(\boldsymbol{a})$ 表示整体散开度，采用切尾标准差定义为

$$s(\boldsymbol{a}) = \Big[\sum_{i=\mu n}^{(1-\mu)n}(Z_i - \overline{Z})^2/(1-2\mu)n\Big]^{\frac{1}{2}} \tag{4.2}$$

式中，$Z_i = \boldsymbol{a}^{\mathrm{T}}X_i\ (i=1, \cdots, n)$，为线性投影值，已由小到大排序；$\overline{Z} = \sum_{i=\mu n}^{(1-\mu)n} Z_i/(1-2\mu)n$，为一维切尾均值；$\mu$ 为一个很小的切尾正数。经证明 $s(\boldsymbol{a})$ 是一个稳健的刻度估计，它可将 Z_i 中最小和最大的 μn 个值剔除，用剩余的中间数据计算样本整体的标准差。由于剔除了极端值，避免了离群点的干扰，提高了指标的稳健性。

$d(\boldsymbol{a})$ 反映了投影点的局部密度大小，采用平滑技术定义为

$$d(\boldsymbol{a}) = \sum_{i<j} f(r_{ij})u(R - r_{ij}) \tag{4.3}$$

式中，$r_{ij} = |Z_i - Z_j|$，$f(r)$ 为平滑单调下降函数，有如下约束：$f(r) = \begin{cases} f(r_1) > f(r_2) & r_1 < r_2 \\ 0 & r \geqslant R \end{cases}$，如 $f(r) = R - r$，即随着离心距离的增大而密度减小的函数；单位阶跃函数 $u(t) = \begin{cases} 1 & t \geqslant 0 \\ 0 & t < 0 \end{cases}$；实数 R 为窗口半径，是一个求解局部

密度的窗口，它的选取既要使包含在窗内的样本点平均个数不太少，避免滑动平均偏差太大，又不能使它随着窗内点数增加而密度值增大得太高。最好的投影散布情形就是使 $s(\boldsymbol{a})$ 大，$d(\boldsymbol{a})$ 也大，因此最终的求解目标可确定为 $Q(\boldsymbol{a})=\max\limits_{\|\boldsymbol{a}\|=1} s(\boldsymbol{a})d(\boldsymbol{a})$。

在上述投影寻踪聚类方法中，预先假定的参数是投影方向、切尾正数和窗宽。其中投影寻踪参数可优化确定，而后两者为超参数，很难统一确定，需进行统计试验确定。

投影寻踪聚类指标属于密度型指标，为探索投影值的最佳目标效果，定义投影指标的原则包括使得投影值最佳偏离高斯分布的指标，使得投影值呈显著散布的指标。根据聚类密度及其投影原则，投影指标还包括一阶距、二阶距、三阶距、四阶距和熵值等，具体可参见第3章，而在低维空间的聚类方法可参看第2章。

4.3　投影静态聚类耦合学习

4.3.1　学习原理

采用第3章介绍的遗传算法寻优途径建立投影寻踪算法，结合4.2节的聚类原理给出了一维投影寻踪聚类学习方法。

设某样本数据包括 p 个维度，共分为 m 类，第 k 类中第 j 维的第 i 个样本定义为 $X_{ji}^{k}(k=1,\cdots,m;i=1,\cdots,n_{k};j=1,\cdots,p)$，$\boldsymbol{a}$ 为 p 维投影方向参数。对所有 m 类样本，在某一投影方向下，计算样本对其均值的方差，以投影值方差表示总体的类间散布特征，计算如式(4.4)所示。

$$s(\boldsymbol{a})=\left[\dfrac{\sum\limits_{k=1}^{m}(Z_{i}^{k}-\overline{Z^{k}})^{2}}{m}\right]^{\frac{1}{2}} \tag{4.4}$$

式中，一维投影值 $Z_{i}^{k}=\sum\limits_{j=1}^{p}a_{j}x_{ji}^{k}$；$\overline{Z^{k}}=\sum\limits_{i=1}^{n_{k}}Z_{i}^{k}/m$。

对于每个类别，类内的密度计算如下：

$$d(\boldsymbol{a}) = \sum_{i=1}^{n_k} \sum_{l=1}^{n_l} f(r_{il}) \mathbf{1}(R - r_{il}) \tag{4.5}$$

式中，$r_{il} = \left| \sum_{j=1}^{p} a_j x_{ji} - \sum_{j=1}^{p} a_j x_{ji} \right|$，表示类内任意两点之间的距离。

按要求，$f(r_{il})$ 应随着 r_{il} 的增大而单调下降，可简单定义为

$$f(r_{il}) = R - r_{il} \tag{4.6}$$

式中，R 为局部密度估计中的局部宽度指标，由数据特征决定，可以通过多个取值的结果进行比较确定。密度的宽度在某种程度上就确定了分类数量。当 $r_{il} > R$ 时，$\mathbf{1}(R - r_{il}) = 0$，表示在窗口宽度内的密度计算无效；当 $r_{il} \leqslant R$ 时，$\mathbf{1}(R - r_{il}) = 1$，表示在窗口宽度内的密度计算有效。

一维投影寻踪聚类学习网络如图 4.2 所示。分类的目标主要是确定受多个自变量影响的高维数据在空间散布的相对类型，要求聚类方法能描述样本数据在一维空间的相对关系。

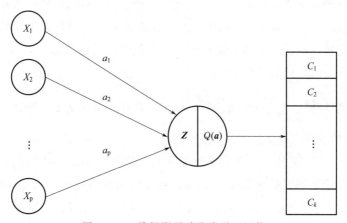

图 4.2　一维投影寻踪聚类学习网络

在假定了窗口宽度和选定了投影指标后，建立投影寻踪聚类学习模型的另一关键是优化投影方向，可以采用第 3 章给出的遗传投影寻踪算法进行学习优化。对于给定的多维样本数据，一维线性投影的学习步骤如下：

（1）学习训练样本标准化　在现实分类中，由于各维度变量的样本值变化范围相差很大且量纲不统一，为避免计算的偏差，必须先对训练样本值进行标准化。如果变量是越大越好，则可按下式进行变量数据的归一化处理：

$$x'_{ji} = \frac{x_{ji} - x_{j\min}}{x_{j\max} - x_{j\min}} \quad i = 1, \cdots, m; j = 1, \cdots, p \tag{4.7}$$

式中，$x_{j\max}$ 为第 j 个变量数据的最大值；$x_{j\min}$ 为第 j 个变量数据的最小值。

如果变量是越小越好，则可按式(4.8) 计算。

$$x'_{ji} = \frac{x_{j\max} - x_{ji}}{x_{j\max} - x_{j\min}} \tag{4.8}$$

（2）线性投影　所谓投影实质上就是从不同的角度去观察数据，寻找能够最大程度地反映数据特征和最能充分挖掘数据信息的最佳观察角度（即最优投影方向）。把高维的数据信息通过投影的方法转化到低维空间，便于运用常规的方法进行高维数据分析处理。将样本值 x'_{ji} 代入投影寻踪学习算法，当投影指标 $Q(a)$ 取得最大值时，求得投影方向 a；由于局部密度窗口 R 的取值不同，可以试算若干个反映分类变化的投影值 $Z_i \left(= \sum_{j=1}^{p} a_j x'_{ji}\right)$。

（3）计算机交互计算与绘图　利用 Excel 的绘图功能，画出数据点(i, z_i)的平面散布图，通过观察散布图来判定选择分类窗口半径 R 的大小，Z 散布的分类个数由窗口半径 R 来决定，窗口半径越小分类个数越多。结合数据特征的相互比较，确定投影值分类数量，给出最终的投影寻踪聚类学习模型及其参数，输出投影方向和投影值。

（4）测试样本类别的判别检验　如果测试样本的值为 Y，计算 $Z_y = \sum_{j=1}^{p} a_j y_j$，根据学习样本的类型数量确定类中心 $Z_i (i=1, \cdots, k)$，判断 Z_y 与学习样本投影值 Z_i 之间的距离，距离最近的 i 的类别即为测试样本的归属类。同时对测试样本计算判别效率指标 AIC 等，并作为后续新样本判别分析的依据。

（5）新样本类别的判别分析　依据（4）的计算过程，判断新样本投影值与模型学习投影值间的距离，距离最近的训练样本类别即为新样本归属类别。

上述建模是"投影＋优化＋聚类＋检验＋判别"的耦合过程，投影的关键是投影指标的确定，优化的关键是投影方向的实数编码，聚类的关键是聚类方法的选择，检验的关键是判断准则的确定，判别的关键是样本投影值的计算。后续的投影寻踪动态聚类学习就是在高维样本点低维投影后增加了动态聚类方法。

4.3.2　算法流程

融合投影寻踪聚类判别的思想和遗传算法优化投影方向，可以得到投影寻踪聚类学习的流程，见图 4.3。其与第 3 章投影遗传优化算法的两点差异在于：明确了投影指标计算模块；增加了投影值的输出。需要特别说明的是该流程图仅提供了一维投影的计算过程，未能反映多维投影或网络投影的计算过程，对于多维投影过程需要根据特定的算法在一维投影的基础上，对输入变量进行替代后再重复进行一维投影，是一个多次投影迭代的复杂过程。

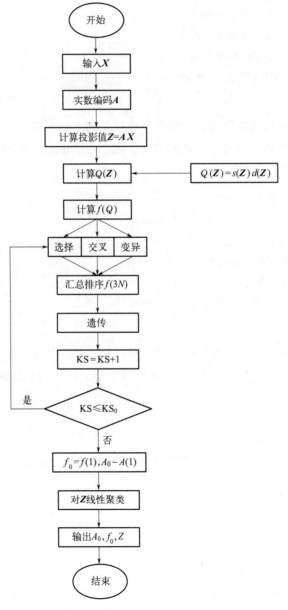

图 4.3 投影寻踪聚类学习流程

根据图 4.3 的算法流程，可得其主程序的伪代码模块：

Dimension $A(m),Z,f,X(m,n)$//定义变量；

　　Call Input $X(m,n)$//变量输入；

　　Call Code $A(m)$//投影方向编码；

　　Call Fun $Z(A)$//投影值计算；

　　Call Fun $Q(Z)$//投影指标计算；

　　Call Fun $f(Q)$//适应度函数计算；

　　Call Rga (n,m,A,X,f)//遗传优化；

　　Call Output(A_0,Z,f_0)//结果输出。

End

　　在第 3 章投影智能优化算法的 6 个模块基础上，对每一个 Z，投影寻踪聚类学习增加了投影指标函数计算的模块。基于 Friedman 的投影聚类指标的计算模块 Fun $Q(Z)$ 如下：

Input R//假设窗宽；

For $i=1$ to n//对每一个投影方向基因；

Call Shell(Z)//由小到大排序；

$s(Z)$//计算类间距离；

$d(Z)$//计算类内密度；

$Q(Z)=s(Z)d(Z)$//计算投影指标。

End

　　当然选择其他形式的投影指标时，可以直接替换上述模块，构建新的投影寻踪聚类学习模型。另外，在 Rga 模块中也要循环调用相应的投影指标计算模块，以优化投影方向参数。

4.3.3　注意事项

　　建立 Friedman 指标下的投影寻踪聚类学习模型时，应注意下列三个问题：

　　(1) 在类内密度计算的平滑函数中，平滑特征宽度超参数 R 的选取对投影寻踪方向有一定的影响，不同的 R 描述数据特征的角度不同。一方面，要综合考虑数据的整体刻度、点的多元密度变化的已知信息以及样本的大小等因素；另一方面，要求 R 应足够大，以使得每个投影点的平滑邻域都有足够多的点来估计局部密度，但也不可过大，否则将影响估计精度。在实际应用时，

常使用多个 R 同时计算，根据聚类绩效指标建立学习曲线，然后比较选优。

（2）聚类的实现可借助计算机交互作图进行数据分析。Friedman 给出的投影寻踪方法不同于 Switzer 等提出的投影寻踪方法，后者是先试探性地分为两类，然后计算它们的分离度，前者则是对全部投影点计算出一个投影指标值，利用窗宽进行滑动计算，窗内值大就倾向于聚类，否则就分离。当选定一个最优投影方向时，计算机会给出明确的投影指标值，并显示投影后的一维投影值散布图，人通过肉眼观察投影散布图来进行类别划分，整个过程是由计算机的计算与作图功能相结合，通过人机交互提供决策信息，最终实现投影寻踪聚类的思想，结果较直观、可靠。当然，也可以采用一维 K-均值聚类法或系统聚类法来进行聚类计算。

（3）对于多维投影寻踪聚类分析而言，允许有多个局部极值，产生多个投影方向，然后从中选出最优的；甚至还可预先从多个方向开始，并行进行计算，然后删除或者增加投影方向，形成不同的投影方向优化策略。本书给出了第一种计算方法。由于聚类分析的本质在于探索数据的潜在结构，在聚类中发现结构的多样性并不一定不好，关键不在于怕多而在于如何对复杂聚类结果作出合理的分析解释。

（4）当分类样本数据的变化具有明显的上升或下降规律时，水质评价等级反映浓度评价指标的最佳特征性，这样的等级与指标关系的鲁棒性可以作为判定数据分类收敛效果的依据，在不断迭代优化中，鲁棒性收敛效果始终与分类结果保持一致，即水质类别等级增加时各浓度指标也一致性增加或减小，反之亦然。

4.4　投影动态聚类耦合学习

4.4.1　学习原理

在投影寻踪聚类模型中的唯一超参数是密度窗宽 R，其取值根据投影寻踪聚类学习算法的聚类绩效指标的学习曲线采用经验法或试算法来确定，尚缺乏理论推断依据。针对这一问题，引入动态聚类思想，以动态聚类思想构建投影指标，对投影寻踪聚类模型进行改进，进而建立了基于投影寻踪的动态聚类模型[14]。

若第 i 个样本第 j 个变量样本值为 x_{ji}^0（$i=1$，$\cdots$，n；$j=1$，$\cdots$，m。n 为样本个数；m 为指标个数），则建立基于投影寻踪原理的动态聚类模型的步骤如下：

（1）数据无量纲化。由于各变量的量纲不尽相同，为了消除量纲效应，在建模之前应对各变量数据进行无量纲化处理。无量纲化公式为

$$x_{ji}=\frac{x_{ji}^0-x_{j\min}^0}{x_{j\max}^0-x_{j\min}^0}$$

式中，$x_{j\max}^0$ 和 $x_{j\min}^0$ 分别为第 j 个指标的样本最大值和最小值。

（2）线性投影。将高维数据投影到一维线性空间。设 a 为 m 维单位投影方向向量，其分量为 a_1，$\cdots$，a_m，则 x_{ji} 的一维投影特征值 z_i 可用下式描述：

$$z_i=\sum_{j=1}^m a_j x_{ji}\quad i=1,\cdots,n$$

并定义 $\mathbf{Z}=(z_1,\cdots,z_i,\cdots,z_n)$ 为投影特征值集合。

（3）构造投影指标。建立投影寻踪动态聚类模型是遵循高维数据向低维空间投影的规则，寻找发现最优投影方向的过程，关键在于构造合理的投影指标，获得科学的聚类结果。下面依据动态聚类思想来构造投影指标。

首先，设 $s(z_i,z_k)$ 为任意两投影特征值间的距离绝对值，即 $s(z_i,z_k)=|z_i-z_k|$；将待聚类样本分为 $N(2\leqslant N\leqslant n)$ 类，用 $\Theta_h(h=1,2,\cdots,N)$ 表示第 h 类样本投影特征值集合，使距离 h 类聚核最近的点集为

$$\Theta_h=\{z_i\,|\,d(A_h-z_i)\leqslant d(A_t-z_i),\forall t=1,2\cdots,N,t\neq h\}\qquad(4.9)$$

式中，$d(A_h-z_i)=|z_i-A_h|$，$d(A_t-z_i)=|z_i-A_t|$，A_h 和 A_t 分别为第 h 类和第 t 类的初始聚核，在实际操作过程可用得到的分类样本投影值的均值迭代替换，这也是动态聚类的体现，即聚核实时动态调整。

其次，类内同样本的邻近程度用类同聚集度 $dd(\boldsymbol{a})$ 表示为

$$dd(\boldsymbol{a})=\sum_{h=1}^N d_h(\boldsymbol{a})\qquad(4.10)$$

式中，$d_h(\boldsymbol{a})=\sum_{z_i,z_k\in\Theta_h}s(z_i,z_k)$。$dd(\boldsymbol{a})$ 越小，则类内同样本的聚集程度越高。

样本间的离散程度用类异分散度 $ss(\boldsymbol{a})$ 表示为

$$ss(\boldsymbol{a})=\sum_{z_i,z_k\in\mathbf{Z}}s(z_i,z_k)\qquad(4.11)$$

$ss(\boldsymbol{a})$ 越大，则样本离散程度越高。

最后，根据动态聚类构建的投影指标可表示为

$$QQ(\boldsymbol{a})=ss(\boldsymbol{a})-dd(\boldsymbol{a}) \tag{4.12}$$

显然，$ss(\boldsymbol{a})$ 越大表示样本间的距离越远，即类异样本之间分散越开；相反，$dd(\boldsymbol{a})$ 越小表示类同样本之间的距离越近，即同类样本之间越集中。因此，当 $QQ(\boldsymbol{a})$ 取得最大值时，就同时实现了类异样本尽量散开、类同样本尽量集中的聚类目的。

（4）模型及优化。当式（4.12）取得最大值时，便可以得到最能反映数据特征的最优投影方向和聚类结果。因此，基于投影寻踪原理的动态聚类模型可以描述为式（4.13）所示的非线性优化。

$$\begin{cases} \max QQ(\boldsymbol{a}) \\ \|\boldsymbol{a}\|=1 \end{cases} \tag{4.13}$$

4.4.2　算法流程

用遗传优化算法给出的投影寻踪动态聚类学习基本过程如下：

（1）对数据变量进行归一化处理。

（2）随机生成一组若干个投影方向参数的实数编码。

（3）假设样本首先被分为两类，$k=1$、2 时，分别计算第 1 类、第 2 类对应性的投影值 Z^1、Z^2。

（4）根据 $\boldsymbol{Z}$ 计算所用样本投影值的均值，对 $\boldsymbol{Z}$ 从小到大排序后，将所有样本投影值均值设置为阈值，采用均值左边为一类 Z^1 而右边为另一类 Z^2 的二分类思路进行投影值二分类聚类。

（5）计算两类样本的中心离差和类内离差后再计算投影指标 Q。

（6）通过遗传算法的遗传、交叉和变异的迭代计算后，重新得到一组扩大了种群规模的投影方向集合，通过选择操作从中选出新的投影方向 $\boldsymbol{a}$。

（7）回到步骤（2）重新进行第 2 轮循环优化，直到投影指标值 Q 不再显著变化时，停止计算，输出最终的投影方向 a_f。

（8）聚类学习结束，输出二分类样本值计算结果。

（9）将一个新的样本数据 X_0 代入学习好的投影寻踪判别模型，输出 Z_0；根据 Z_0 与 Z^1、Z^2 的偏差大小判定该新样本所属的类型，偏差小的 $\boldsymbol{Z}$ 所属的类型即为新样本的最终判别类型。

（10）依据上述思路，对二分类的每个类别再继续进行二分类建模，直到

最后一次二分类后的适应度函数值不再显著变化，即两个类别的均值距离已经足够小不能再进行二分类时，就结束动态投影寻踪聚类学习。

根据上述算法流程可知，每一次二分类的主程序模块伪代码如下：

Dimension $A(m),Z(n),f(3N),X(m,n)$//变量定义；

Call Input $X(m,n)$//变量输入；

Call Code $A(m)$//投影寻踪编码；

Call Fun $Z(A)$//投影值计算；

Call Fun $Q(Z)$//投影指标计算；

Call Fun $f(Q)$//适应度计算；

Call Rga(n,m,A,X,f)//遗传优化；

Call Output(A_0,Z,f_0)//分类结果输出；

Let $Z=Z^1,K=2$,Repeat(Code～Output)//重复二分类计算；

Let $Z=Z^2,K=2$,Repeat(Code～Output)//重复二分类计算；

Until $\overline{Z}\approx\overline{Z^1}\approx\overline{Z^2}$//直到均值趋同；

Output(C)//输出分类结果。

　　End

投影寻踪动态聚类中，除投影指标计算模块外，其他计算模块等同于投影静态聚类算法；在每一个循环有三个主要耦合模块，即投影＋二分类＋优化，循环关系如图 4.4 所示，直到两类距离贴近时，停止二分类循环。

图 4.4　投影寻踪动态聚类学习模块框架

在循环优化中，二分类动态聚类下的投影指标计算模块 Fun $Q(Z)$ 如下：

Input $K=2$//预先假设为两类；

Call Shell(Z)//由小到大排序；

$\overline{Z},\overline{Z^1},\overline{Z^2}$//计算均值；

$ss(Z)$//计算类间距离；

$dd(Z)$//计算类内密度；

$QQ(Z)=ss(Z)-dd(Z)$//计算投影指标。

以上算法是按照"顺序耦合＋循环分类"的思路设计的，兼顾效率与效果，是一种投影寻踪动态聚类的耦合学习形式。

4.5 多维投影强化学习

4.5.1 学习原理

投影的概念始于主成分分析的概念，通过提取高维变量的多个主成分信息，后者也能实现对高维数据信息的压缩。类似主成分，多维投影特别是两维投影具有更多的数据特征发现能力。在网络结构下，借助于神经科学的"信息强化原理"，产生了基于赫布学习规则的探索性投影寻踪网络学习方法。该方法是采用网络学习结构所形成的至少两维的投影寻踪网络学习方法，主要用途在于聚类、识别与判别等方向的高维数据探索性分析。该学习认为重要的信息在网络反馈时其信号会被加强，因此通过正向计算后形成反向激励促进多维投影学习目标的达成。由多个输入和多个输出组成的赫布学习网络结构如图 4.5 所示，也可以表示为多维投影情形下的投影寻踪网络学习，实现高维数据的探索性投影寻踪分析（explore projection pursuit，EPP）。通过赫布学习，目标是快速找到高维数据的最佳投影方向，取得低维投影值，再以投影值为对象进行或聚类、或判别、或回归、或检验等统计方法的拓展耦合研究。

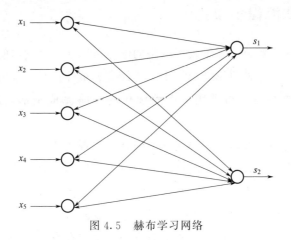

图 4.5 赫布学习网络

设 X 为输入变量，S 为投影学习后的输出值，S 的个数就是投影维度。

一维投影是上述结构的一个特例，只有一个输出值。假设 a_{ij} 为第 j 个输入到第 i 个输出的权值，N 为输入神经元个数，M 为输出神经元个数，$x_j(t)$ 为第 t 步迭代后的第 j 个输入，则第 i 个输出 s_i 定义为

$$s_i = \sum_{j=1}^{N} a_{ij} x_j(t) \tag{4.14}$$

网络输出结果定义为

$$r_i = f\left(\sum_{j=1}^{N} a_{ij} x_j(t)\right) = f(s_i) \tag{4.15}$$

第 $t+1$ 步迭代后的第 j 个输入 $x_j(t+1)$ 定义为

$$x_j(t+1) \leftarrow x_j(t) - \sum_{k=1}^{M} a_{kj} s_k \tag{4.16}$$

权重增量定义为

$$\begin{aligned}
\Delta a_{ji} &= \eta_t r_i x_j(t+1) \\
&= \eta_t f\left(\sum_{k=1}^{N} a_{ik} x_k(t)\right)\left(x_j(t) - \sum_{l=1}^{M} a_{lj} \sum_{p=1}^{N} a_{lp} x_p(t)\right)
\end{aligned} \tag{4.17}$$

投影寻踪强化学习网络的基本思路是首先选定一个投影方向，对输入变量进行线性投影，然后利用残差反馈的思想将已经获取的特征规律扣除后再反馈给输入变量形成新的输入变量，接着重复进行第二个方向的线性投影，直到反馈值优化后的投影方向增量足够小，则结束投影方向的寻找，从而完成对多个投影方向的逐步逼近学习。

4.5.2 算法流程

采用贪婪学习策略，多维投影网络的学习可以在一维学习的基础上迭代实现，可采用多次一维的投影学习，步步寻优逼近最佳投影，也可以先假设投影的维度，如两维投影，再采用一次性优化的策略完成全部两维投影参数的优化。

步步寻优的两维投影寻踪强化学习网络的实现步骤如下：

第一步，读入 $\boldsymbol{X}(t=0)$，随机生成一组一维投影方向参数；

第二步，用投影方向计算投影值；

第三步，计算 t 阶段的强化学习网络输出值 $\boldsymbol{S}$；

第四步，让 $\boldsymbol{Z} = \boldsymbol{S}$，计算 $f(\boldsymbol{Z})$，遗传算法贪婪优化全部投影方向 $\boldsymbol{a}$；

第五步，反馈迭代强化计算 $t+1$ 阶段的 $X(t+1)$；

　　第六步，用强化学习后变量作为新输入变量，优化计算下一个维度的投影方向参数；

　　第七步，收敛判别新增投影 $a_{ji} \approx 0$，是则进行第八步，否则转到第二步，开始下个投影方向优化，直至完成所有的投影方向优化；

　　第八步，输出所有投影方向、投影值和收敛规则下的指标值。

　　在建模中，网络输出指标函数 $f(\mathbf{Z})$ 是优化的目标，具有可选择性。根据上述算法步骤，引入遗传算法进行投影方向参数的优化算法设计，对投影方向参数优化学习的每一次循环都包括 4 个主要系统模块，即投影＋指标＋优化＋强化。其顺序耦合关系如图 4.6 所示。

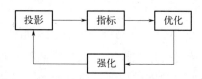

图 4.6　投影寻踪强化学习耦合模块框架

　　基于耦合模块及算法流程的每一次优化的主程序伪代码如下：

Dimension $A(m),S(n),f(3N),X(m,n)$//定义变量；

Call Input $X(m,n)$//输入变量；

From $t=1$//第一次强化学习；

From $k=1$ to K//K 维投影；

Call Code $A(m)$//遗传编码；

$S(A)$//线性投影；

$f(S)$//网络输出指标函数；

Call Rga(m,n,A,S,F)//优化投影方向参数；

$X=X(t+1)$//强化反馈；

$a_{ji} \approx 0$//收敛判别。

End

Output(a)

　　为提高计算的效率，在每一个方向的优化策略中依然采用贪婪遗传优化方法，而在下一个方向寻优中采用赫布学习规则强化前一个投影中的投影方向值，反馈计算新的学习模型输入。相对于投影寻踪耦合学习而言，赫布规则开展的强化学习能使学习效率更高，第二个投影方向优化是对前一个方向遗漏特征信息的补充与贪婪重构。当然，采用式（4.17）的优化可以一次性解决多个投影方向的迭代优化问题，难点在于输出指标函数 f 的选择，其应具有可导性。本节给出的投影寻踪强化学习是借鉴赫布学习规则的逐维度优化的示例，当然也可以探讨一次性优化多个投影方向的强化学习算法。

4.6 高维离群点检测

4.6.1 检测原理

假设 X 为高维空间的集合，在高维空间存在离群点 X'，采用投影寻踪的思想进行高维离群点检测时，形成投影寻踪高维离群点检测方法，整个检测过程分为两个相对独立的学习判别模块：投影＋检验。首先，进行高维数据的投影；然后，针对投影值进行低维（通常为一维）的离群点统计检测。前者提供找到最有趣的投影方向的线性投影方法，而后者需要以低维投影值为对象的离群点检测方法。本章主要将 3.4 节的投影智能优化算法与 2.2.5 节的离群点检测判别基本原理相耦合，来实现高维数据点的离群检测学习。

根据上述原理有三种投影寻踪高维离群点检测的方法：基于假设检验的离群点检测、基于聚类的离群点检测[15] 和基于回归的离群点检测[16]。本章介绍前两种检测方法，第 5 章介绍基于回归的检测。

4.6.2 基于假设检验的检测

根据假设检验的原理，即"总体属于"的假设检验，设定原假设：

$$H_0: X' \notin X$$

对高维数据进行投影后，同理存在以下假设：

$$H_0: Z' \notin Z$$

Z 是 X 的低维投影。

投影寻踪高维离群点检测方法的耦合学习模块及耦合关系如图 4.7 所示。

根据上述算法流程可知，主程序的伪代码模块如下：

```
Dimension A(m),Z(n),f(3N),X(m,n)
    Call Input X(m,n)
```

Call Code $A(m)$

Call Fun $Z(A)$

Call Fun $Q(Z)$

Call Fun $f(Q)$

Call Rga(n,m,A,X,f)

Call Tes(Z)

Call Output(A_0,Z,f_0)

End

图 4.7　投影寻踪离群点检测耦合学习模块框架

其中投影目标函数 Q 可以采用四阶矩等投影指标，目标函数优化依然采用实数编码的遗传算法，在低维空间的离群点检测的方法模块 Tes(Z) 有很多，可以直接调用，分为两种情形：一种是对特定的高维数据点进行离群判别，如上述假设检验方法，可采用两样本均值检验；另一种则是识别样本数据中的离群点，可进行聚类后再识别。

4.6.3　基于聚类的检测

如检测高维样本数据中的全部离群点，投影寻踪离群点检测方法的学习流程如下：

（1）执行投影寻踪聚类；

（2）输出高维变量线性投影；

（3）观察投影值的一维图形是否超过某一离散距离的点；

（4）判断识别所有的离群点。

根据上述算法流程可知，主程序的伪代码模块如下：

Dimension $A(m),Z(n),f(3N),X(m,n)$

Call Input $X(m,n)$

Call Code $A(m)$

Call Fun $Z(A)$

Call Fun $Q(Z)$

Call Fun $f(Q)$

Call Rga(n, m, A, X, f)

Call Shell(Z)

Call Tes(Z)

Call Output(Z)

    End

对检测模块 Tes($\boldsymbol{Z}$) 的实现,一种方式是首先对全部投影值进行排序 Shell($\boldsymbol{Z}$),然后可以采用肉眼观察法,在最大 $Z_{\max}$ 或者最小 $Z_{\min}$ 的两个边界投影值中找到显著偏离的点,以一种人机交互的方式实现离群点检测;另一种方式则是定义一个偏离度 ε,同时存在一个类核 Z^h,当 $|Z^* - Z^h| > \varepsilon$ 时认为 Z^* 为 Z^h 的离群点,此方法完全采用机器学习的方式识别高维离群点。在图 4.7 的耦合框架下,可形成多元化的离群点检测技术,根据实际问题进行检测建模。

4.7 本章小结

投影寻踪聚类与判别学习属于一种无监督学习方法。本章首先给出基于遗传算法的投影寻踪聚类与判别分析的基本原理,然后在此基本原理的基础上给出了静态投影寻踪聚类与动态投影寻踪聚类的方法,同时提出在投影+聚类的横向耦合时,每个模块的纵向上具有多种选择的组合,以一维投影寻踪聚类学习为例给出了纵向及横向整合的学习过程。本章还介绍了强化学习探索投影方向的方法和基于聚类原理的离群点统计检验的学习方法,以实现多维数据特征挖掘基础上的相对分类及其统计学习价值。

(1)在投影寻踪聚类耦合学习中,投影方向与类数是投影寻踪聚类判别方法的两个重要参数,前者采用遗传算法优化,后者则依据最佳投影方向下的指标值与聚类原则来排序和判定。

(2)需要强调的是,由于是无监督学习,因此聚类或判别原则也是投影寻踪聚类耦合学习方法实现的关键,也是定义投影指标的主要根据,如由类间最大类内最小构造的 Friedman 指标等,聚类中投影指标的原则不同则分类的效果也不同,应根据实际建模问题进行投影指标研究选择,最终目标是找到最佳暴露高维数据特征规律的投影方向。投影寻踪聚类的对象是低维空间的投影值。

（3）目前投影寻踪聚类已有一维和多维的聚类研究，也有静态主观聚类和动态客观聚类的研究，还有多个投影聚类指标的研究，可供实际聚类问题进行选择参考和耦合研究。投影寻踪判别是在投影寻踪聚类基础上形成的对新的研究样本的进一步分析和再计算，样本特征越具有代表性，投影寻踪判别的结果就越准确。

（4）投影寻踪聚类判别方法总体上实现了对聚类原则、投影指标、线性投影、样本类别四方面的综合研究，采用投影寻踪理论通过方法转化形成了实际应用问题的解决方案，科学而有效。先用投影指标探索最佳投影方向，然后开展聚类或判别研究，体现了理论与实践、问题与方法的耦合过程[13]。

（5）以最大偏离高斯分布为原则的探索性投影寻踪学习已迈向网络交互情形，基于网络结构及其神经学习规则的投影寻踪学习成为新的研究热点。该方向拓宽了方法的应用范围，提高了计算效率，提供了投影寻踪耦合理论创新空间。

（6）基于投影寻踪聚类学习在统计领域的拓展和现实需求的增长，如离群点检测等也成为新的应用发展方向，反过来也将丰富耦合方法的创新。

最后，本章从投影寻踪聚类学习原理出发，基于计算实现的视角，在多个局部层面给出了投影寻踪聚类耦合学习的内容，可作为投影寻踪聚类耦合学习的拓展应用基础。另外，本章内容并未给出严格的理论证明，耦合方法的有效性仍需要在实践中进一步验证。

参考文献

[1] Li G Y，Chen Z G. Projection-pursuit approach to robust dispersion matrices and principal components：Primary theory and monte carlo [J]. Journal of the American Statistical Association，1985，80（391）：759-766.

[2] Switzer P. Numerical classification [M]. New York：Plenum Press 1970.

[3] 张欣莉. 投影寻踪方法及其在水文水资源中的应用 [D]. 成都：四川大学，2000.

[4] Berro A，Marie-Sainte S L，Ruiz-Gazen A. Genetic algorithms and particle swarm optimization for exploratory projection pursuit [J]. Annals of Mathematics and Artificial Intelligence，2010，60：153-178.

[5] Espezua S，Villanueva E，Maciel C D. Towards an efficient genetic algorithm optimizer for sequen-

tial projection pursuit [J]. Neurocomputing, 2014, 123: 40-48.

[6]   Guo Q, Questier F, Massart D L, et al. Sequential projection pursuit using genetic algorithms for data mining of analytical data [J]. Anal Chem, 2000 (72): 2846-2855.

[7]   Quintián H, Corchado E. Beta Hebbian learning as a new method for exploratory projection pursuit [J]. Int J Neural Syst, 2017, 27 (6): 1750024.

[8]   Corchado E, MacDonald D, Fyfe C. Maximum and minimum likelihood hebbian learning for exploratory projection pursuit [J]. Data Mining and Knowledge Discovery, 2004 (8): 203-225.

[9]   Lee Y D, Cook D, Park J-W, et al. PPtree: Projection pursuit classification tree [J]. Electronic Journal of Statistics, 2013, 7: 1369-1386.

[10]   Montero-Sousa J A, Aláiz-Moretón H, Quintián H, et al. Hydrogen consumption prediction of a fuel cell based system with a hybrid intelligent approach [J]. Energy, 2020, 205: 117986.

[11]   Barcaru A. Supervised projection pursuit-A dimensionality reduction technique optimized for probabilistic classification [J]. Chemometrics and Intelligent Laboratory Systems, 2019, 194: 103867.

[12]   Zhang M, Zhou J H, Zhou R J. Interval Multi-Attribute decision of watershed ecological compensation schemes based on projection pursuit cluster [J]. Water, 2018, 10: 1280.

[13]   楼文高. 基于群智能最优化算法的投影寻踪理论——新进展、应用及软件 [M]. 上海: 复旦大学出版社, 2021.

[14]   王顺久. 水资源开发利用综合研究 [D]. 成都: 四川大学, 2003.

[15]   Caussinus H, Fekri M, Hakam S, et al. A monitoring display of multivariate outliers [J]. Computational Statistics&Data Analysis, 2003, 44 (1/2): 237-252.

[16]   Galeano P, Peña D, Tsay R S. Outlier detection in multivariate time series by projection pursuit [J]. Journal of the American Statistical Association, 2006, 101 (474): 654-669.

第 5 章

投影寻踪回归耦合学习

基于多元回归的思想，结合神经网络的结构形式和非线性逼近策略性能，本章将投影寻踪回归分别与神经网络和模糊推理进行耦合，给出了投影寻踪回归网络学习、投影寻踪回归模糊推理学习和基于回归的离群点检测方法。另外，本章通过比较分析以上耦合方法的异同之处，揭示了投影寻踪回归学习的基本耦合路径。

5.1 投影寻踪回归原理

5.1.1 投影寻踪回归函数

1981 年，Friedman 和 Stuetzle[1] 基于投影寻踪的思想最先给出了投影寻踪回归方法，其主要目的在于解决高维空间中的回归问题。在回归问题中关键之一是回归函数的估计，常用的估计方法有线性回归、多项式回归等形式。当这些函数回归形式用于高维空间时，不能克服维数灾难的困难，Friedman 等提出了用若干个低维空间的岭函数加权和的形式，即可加函数来逼近高维空间的多元回归函数的思想，称为投影寻踪回归。投影寻踪回归方法的数学表达式为

$$Y = \overline{Y} + \sum_{m=1}^{M} \beta_m g_m \left(\sum_{j=1}^{p} a_{mj}^{\mathrm{T}} X \right) \quad m = 1, \cdots, M; j = 1, \cdots, p \qquad (5.1)$$

式中，X 为自变量；Y 为因变量；$\overline{Y}$ 为因变量的均值；m 为逼近的子函数个数；β_m 为子函数权值，表示第 m 个岭函数对因变量估计的贡献大小；g_m 为第 m 个光滑岭（子）函数，可采用数值滑动逼近或函数逼近；a_{mj} 为第 m 个投影方向的第 j 个分量；p 为输入空间的维数。在式(5.1) 中，对每一个岭（子）函数均要求 $\sum_{j=1}^{p} a_j^2 = 1$，$E(g) = 0$，$E(g^2) = 1$。

在高效的逼近和高预报精度的要求下建立多元回归预测模型的前提是，预测因子与因变量之间确切存在模型所假定的某些相关关系，如线性的或非线性关系，这样才能根据样本数据信息通过优化算法来估计回归模型中的参数。由于自变量与因变量之间的相关关系并不是确定的线性或非线性，存在各种相关关系的不确定性，因此采用单一的线性或非线性方法建立的回归模型不能真实地反映回归关系，影响逼近和拟合的精度。为了协调考虑这些不均衡的相关关系，引入了多个子函数的加权耦合思想，使子函数影响重要的贡献在回归方程中所占的权重较大，这对回归模型的精度改善起到了有效的作用。投影寻踪回归方法与加权回归的思想只是针对高维非线性数据情形，体现了子函数加权耦合的线性可加性。

投影寻踪回归的关键技术包括三类：可加拟合子函数、高维投影寻踪方向以及子函数组合权重。

5.1.2　非参数投影寻踪回归

设 (X, Y) 是一对随机变量，$X \in \mathbf{R}^p$，$Y \in \mathbf{R}$，设 Y 表示为 X 的回归形式 $Y = f(X)$，其中 f 为回归函数。在利用样本值估计回归函数时，可采用的方法包括参数方法和非参数方法。参数方法是假定回归函数的形式已知，例如为线性、指数或幂函数等形式，而非参数方法对回归函数的形式不作任何确定，只对回归函数作出数值的估计。投影寻踪回归是一种非参数或半参数的回归估计方法，是用若干个一维回归函数的和去拟合投影寻踪回归函数 f 的方法，其中，这些一维回归函数称为岭函数。在回归拟合时要求岭函数在超平面连续，用 g 表示。

按以上约定符号，对式(5.1) 的投影寻踪回归逼近建模时，如果采用数值

形式来拟合子函数 g 的基本形式，作为数据估计的一种有效的探索性数据分析方法，可称为非参数投影寻踪回归。投影寻踪岭回归中的子函数可以看成数据平滑器，其目的是求取投影方向固定时的岭函数数值解，通过平滑过程得到函数值来逼近高维数据结构规律。此模型的数学表达式等同于式(5.1)，而确定非参数的岭函数值的方法如下：

（1）对于样本 (X_i, Y_i)，$i=1,\cdots,n$，固定某一投影方向 a 进行投影 $Z_i = a^{\mathrm{T}} X_i$ 后，再对一维投影值作次序统计量 $Z_{(1)} \leqslant Z_{(2)} \leqslant \cdots \leqslant Z_{(n)}$，同时给出相对应的 $Y_{(1)}, Y_{(2)}, \cdots, Y_{(n)}$；

（2）在任一 $Z_{(i)}$ 处，用 $Y_{(i-1)}^{(1)}$，$Y_{(i)}^{(1)}$，$Y_{(i+1)}^{1}$ 的中位数 $Y_i^{(2)}$ 来代替 $Y_{(i)}^{(1)}$ 找到对应的 $Z_{(i)}$，作为初步光滑；

（3）在任一 $Z_{(i)}$ 处，给定与 i 无关的 δ，将 $|Z_{(j)} - Z_{(i)}| \leqslant \delta$ 的 $Z_{(j)}$ 与相应的 $Y_{(j)}^{(2)}$ 作线性回归，并用残差平方和来估计 $Z_{(j)}$ 处 Y 的方差 $\delta_{(i)}^{(0)}$；

（4）将 $\delta_{(i)}^{(0)}$ 再作（2）中的光滑措施，得到 $\delta_{(i)}^{(1)}$；

（5）用 $\delta_{(i)}^{(1)}$ 来确定另一正数 $\delta^{(1)}$，再作（3）中的线性回归，得到 $\hat{Y}_{(i)}$ 作为一个 $g(a^{\mathrm{T}} X_i)$ 的估计值；

（6）如此循环，直到子函数逼近满足回归精度要求时，输出模型参数。

从非参数的投影寻踪岭回归的以上实现过程可以看出：

（1）投影寻踪岭回归是以中位数作为平滑值，其实质是小范围的观测值，是对于初值的一种无偏的估计。

（2）平滑过程用到两次线性拟合，一次为原值的线性平滑估计，而另一次为残差分段区间的线性回归拟合，保障回归拟合的效果，提升收敛的速度。

（3）模型中存在一个超参数 δ，以此作为区间估计点线性界限，对估计存在一定程度的偏差。

（4）这样的数值计算虽然对子函数无假设，人为十扰少，但是从大规模数据的角度来看，这种方法的计算量大。

从简单意义上说，投影寻踪回归可以看作是线性回归的推广，下面举例说明。

设有样本 (X_1, X_2)，将 $Y = X_1 X_2$ 写成两个岭函数的形式有式(5.2)、式(5.3)。

$$X_1 X_2 = \frac{1}{4ab} \left[(aX_1 + bX_2)^2 - (aX_1 - bX_2)^2 \right] \tag{5.2}$$

当 $a=b=1$ 时有

$$X_1 X_2 = \frac{1}{4}\left\{\begin{bmatrix}1\\1\end{bmatrix}(X_1 \quad X_2)\right\}^2 - \frac{1}{4}\left\{\begin{bmatrix}1\\-1\end{bmatrix}(X_1 \quad X_2)\right\}^2 \quad (5.3)$$

根据式(5.1)，对应有

$$\boldsymbol{a}_1^{\mathrm{T}} = \begin{bmatrix}1\\1\end{bmatrix}, \boldsymbol{a}_2^{\mathrm{T}} = \begin{bmatrix}1\\-1\end{bmatrix}, g_1 = \frac{1}{4}(X_1 + X_2)^2, g_2 = -\frac{1}{4}(X_1 - X_2)^2$$

目前已经证明，回归函数表示为岭函数和的形式并不是唯一的。这种不唯一仅限于相差一个多项式的情况[2]，可以通过不断优化子函数解决，也为确定子函数的函数形式提供了依据，本章 5.3 节将介绍基于多项式情形的岭函数回归。

5.1.3　参数优化策略

在投影寻踪回归中，投影是回归的前提，因此对投影方向参数的优化策略是投影寻踪回归方法的关键。基于高维数据收集，用有限个岭（子）函数的和去逼近回归函数的投影寻踪岭回归的样本实现过程的核心是投影方向参数优化的策略、过程和技术。此外，岭函数的个数是投影寻踪回归方法的另一组参数，其优化方法也是参数优化策略的重要组成部分。根据 Friedmen 建议的算法，优化投影方向参数 $\boldsymbol{A}$ 和岭函数 g 的个数参数的具体优化策略可以包括残差优化、贪婪拟合和返回拟合三大策略。下面具体给出策略实施过程。

(1) 投影方向参数的残差优化策略。当 $\boldsymbol{a}_j$，g_j（$j < m$）给定后，使得第 m 个岭函数拟合后的残差 r_m 等于

$$r_m(\boldsymbol{X}) = f(\boldsymbol{X}) - \sum_{j=1}^{m-1} g_j(\boldsymbol{a}_j^{\mathrm{T}}\boldsymbol{X}), r_{m+1} = f(\boldsymbol{X}) - \sum_{j=1}^{m} g_j(\boldsymbol{a}_j^{\mathrm{T}}\boldsymbol{X}) \quad (5.4)$$

式(5.4) 中的符号等同于式(5.1)，则 $r_m - r_{m+1} = g(\boldsymbol{a}^{\mathrm{T}}\boldsymbol{X})$，当 $E(g^2(\boldsymbol{a}^{\mathrm{T}}\boldsymbol{X}))$ 达到最大时，就确定了 $\boldsymbol{a}_m$ 的值，这样将投影寻踪方向的参数优化问题转化为极小值优化问题，通过不断增加的投影来改进对模型残差的最大拟合效果最后实现整个模型残差最小。

(2) 岭函数的贪婪拟合策略。当投影方向 $\boldsymbol{a}$ 固定后，找到使残差平方和最小的那个岭函数 g。总的来说在优化投影方向 $\boldsymbol{a}$ 和岭函数 g 时，每一步都要求取得当前状态下的最佳回归效果，因此也称为贪婪法。Huber[2] 证明了由此方法求出的 $\hat{f}(x)$ 是 L_1 收敛到 $f(\boldsymbol{X})$ 的，也就是 $E(|f(x) - \hat{f}(x)|) \to 0$，

同时也猜测应有最小二乘收敛，即 $E((f(x) - \hat{f}(x))^2) \to 0$。

（3）回归逼近的返回组合策略。当用贪婪法找到了 a，g 后，需要进一步考虑，在每一次过程都选取最好后，总的结果是否一定是最好的。为了解决这个问题，提出了返回拟合的办法，即在求出全部 a，g 后，任意去掉几个岭函数，重新再寻找新的 a，g，并建立其与因变量 Y 之间的回归组合关系，使得误差不再减小为止，同时确定子函数的个数及组合回归的权值。

通过投影寻踪回归的 3 个关键策略，即残差优化、贪婪拟合和返回组合，可以实现投影寻踪回归参数的一体化优化。其具体实现过程描述如下：

（1）先选择一个初始投影方向 a；

（2）对自变量序列 $\{X_i\}_i^n$，进行线性投影得到 $a^{\mathrm{T}}X_i$，对点对组合 $(a_i^{\mathrm{T}}X_i, Y_i), i = 1, \cdots, n$，用平滑方式确定岭函数 $\hat{g}_a(a^{\mathrm{T}}X)$；

（3）用贪婪策略法求使 $\sum\limits_{i=1}^{n}(y_i - \hat{g}_a(a^{\mathrm{T}}X_i))^2$ 最小的那个 a 作为 $\hat{a}_1$，回到（2）循环计算几次，直到前后误差不再改变，确定 $\hat{a}_1$ 及 $\hat{g}_1(\hat{a}_1^{\mathrm{T}}X)$；

（4）用残差拟合策略计算第一次的拟合残差 $r_1(X) = Y - \hat{g}_1(\hat{a}_1^{\mathrm{T}}X)$ 代替 Y，回到（1），重复以上三步，将得到 $\hat{a}_2$ 及 $\hat{g}_2(\hat{a}_2^{\mathrm{T}}X)$；

（5）重复（4）的操作，计算 $r_2(X) = r_1(X) - \hat{g}_2(\hat{a}_2^{\mathrm{T}}X)$ 代替 $r_1(X)$，直到获得第 M 个 $\hat{a}_M$ 及 $\hat{g}_M(\hat{a}_M^{\mathrm{T}}X)$，使得 $\sum\limits_{i=1}^{n}r_i^2$ 不再减少或满足某一精度为止；

（6）采用返回组合的策略，确定最后的 m 个 a，g，β（子函数权重）；

（7）计算 $\hat{f}(x) = \sum\limits_{i=1}^{m}\hat{\beta}_i\hat{g}_i(\hat{a}_i^{\mathrm{T}}X)$。

实现投影寻踪岭回归的关键技术有三个：

（1）线性投影。实现投影寻踪回归的第一步就是通过对数据信息的分析得到最能反映系统特征的投影方向参数。投影的过程实现两个目标：一是降低维数；二是投影方向能够反映系统特征。

（2）数值逼近。样本序列投影到低维子空间后，通过平滑后取中位数的非参数数值方法估计岭函数，而岭函数是系统信息的主要载体。为避免信息的重复利用引起的过渡拟合问题，需要在已有的岭函数中优选出最能表达系统特征的岭函数，写进最后的加权和表达式(5.1) 中。这个过程称为数值逼近，其目标是确定模型的最优岭函数的值。

（3）回归组合。在贪婪拟合的基础上，在返回拟合的策略下，重新对岭函数值与因变量的残差进行二次回归拟合，从而实现从第一次贪婪回归基础上的二次残差返回拟合的投影寻踪组合逼近估计。逼近估计的目标是确定子函数个数和权重参数，提高模型系统输出估计精度。

投影寻踪岭回归的实现，主要是对投影方向 a、岭函数 g、权重 β 三类参数的步步寻优过程，而对子回归函数的结构形式在本质上无太大依赖关系，也可以说子函数的形式具有多元灵活性。为提高多元统计回归方法的适应性和计算的效率，引入多项式岭函数、神经网络结构和智能优化算法的投影寻踪学习网络方法得到了发展。首先借鉴神经网络与子函数回归的结构相似性给出投影寻踪回归学习网络，然后以智能优化算法实现投影方向参数的优化。

5.2 投影寻踪回归与神经网络

5.2.1 神经网络

在网络学习中应用最为广泛、研究最多的神经网络方法是反馈式神经网络（也称 BP 神经网络）或基于它的一些转换模型，下面以 BP 网络作为比较对象进行特点分析。由于神经网络是一种灵活、自由的信息处理方法，其在一定程度上解决了传统方法极难解决的复杂非线性问题，在应用领域中取得了显著的成效。本章在对比分析基础上对神经网络作了简单介绍，为投影寻踪网络回归的耦合学习提供理论基础。

5.2.1.1 神经网络形式

网络结构是指该网络输入、输出的形式，采用了几个网络隐层，各隐层之间的关系怎样，每一层又有几个神经元节点。在某系统中，将自变量 X 到因变量 Y 的映射关系表示为 $Y = f(X)$，这种关系往往是复杂而未知的。神经网络是以模仿生物神经系统的方式来刻画输入输出关系，利用多个神经元函数 φ 来解释这种复杂的输入到输出的关系，以上解释方式成为 BP 网络模型解决此类系统问题的出发点和思路。包含多个输入、单个输出和一个隐层节点的三层神经网络模型的数学表达式为

$$y = \sum_{i=1}^{m} w_i \varphi_i \left(\sum_{j=1}^{p} w_{ji} x_j - \theta_i \right) \qquad (5.5)$$

式中，m 为隐层节点的个数；p 为输入层节点个数，即系统输入标量的个数；w_i 为第 i 个隐层节点到输出节点的权值；φ_i 为隐层中第 i 个神经元函数，一般为 S 型函数，$\varphi(x) = 1/(1 + e^{-x})$；$w_{ji}$ 为第 j 个输入节点到第 i 个隐层节点的权值；θ_i 为第 i 个神经元的阈值。式(5.5) 的一个简单形式的网络拓扑结构如图 5.1 所示。其中隐层节点个数为 m 个。

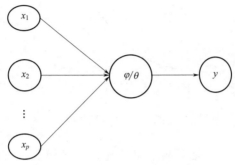

图 5.1　三层神经网络结构

5.2.1.2　神经网络模型

在建立神经网络模型时，需要解决两个关键问题：一是网络结构；二是模型参数的学习策略。神经网络结构变化的灵活性主要体现在三个方面，即选取不同的神经元函数形式、神经元个数以及网络层数。如基于子波变换序列的人工神经网络组合预测模型是将神经网络与子波函数进行结合的途径，首先对序列施行 A-Trous 子波变换，得到其在各倍频程上的子波系数；其次利用人工神经网络预测模型对子波系数进行多尺度组合预测；最后运用 A-Trous 完全重构公式，得到输出估计值。总结人工神经网络模型在应用中的效果，其优势表现为：一是非线性的逼近能力，自变量与因变量的关系是非线性时，不对资料进行预处理建立的线性模型很难表达各因子变量之间的非线性关系，而网络学习在这方面显示出了优势；二是模型适应性，表现为逼近较复杂的、不同类型的多因子输入多因子输出的映射关系，解决了不同类型的拟合逼近问题。神经网络模型表现出来的优势也可从模型本身特点得到解释：

（1）网络模型的最大特点在于形式较自由，通过调整式(5.5) 中的网络隐层数、隐层单元数、权值和阈值的大小，能实现任意 p 维到 q 维空间的映照。模型中权值 w 和阈值 θ 是系统信息的载体，系统信息就分布、存储在网络的这两类参数中。信息的多少、确定的程度直接决定了网络参数的多少和大小，网络模型能根据实在信息客观地调整网络中的参数尽可能揭示系统规律。

（2）网络模型采用非线性的 S 型函数表达单元的输入到输出之间的非线性映射关系。图 5.2 为 BP 模型采用的 S 型函数的神经元形式。

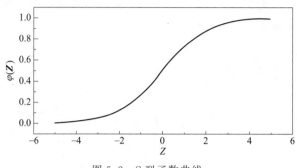

图 5.2   S 型函数曲线

可以看出，S 型函数是两端平坦的连续可微函数。在多层、多节点网络中，用此函数划分后的区域是一个柔和、光滑、精细的非线性超曲面，此超曲面可以自由扭动、旋转，对非线性区域的划分适应力强，而且在参数求解时，便于采用梯度下降的算法，便于模型最终逼近输入与输出空间的对应关系。S 型函数虽不能存储信息，但能处理和传递信息，使得神经网络模型在非线性逼近方面表现出极强的优势。

（3）从非线性映射逼近观点来看，均可用不超过 3 层的网络来实现一个多输入多输出的映射关系。一般地讲，人工神经网络的功能就是实现某种映射逼近，属于计算数学的范畴，其数学本质是插值，是利用网络的形式来实现数值逼近的功能。概括地说，神经网络有以下特点[3,4]：大规模的信息处理和分布式的信息存储；良好的自适应性、自组织能力；很强的学习和容错功能。以上优点体现了神经网络部分实现了生物神经网络所具有的功能。

（4）神经网络用网络映射手段逼近输入与输出关系，网络是这种关系的载体和表现形式，因此关系多样、网络多样，网络结构具有极大的不确定性。这种不确定性既是优势，又是不足。从神经网络的应用来看，存在一些问题，可归纳为以下几个方面：确定网络结构的问题，主要是指网络隐单元数的确定；选择收敛准则的问题；网络的拟合与预测精度问题。

对于网络模型而言，良好的学习策略能大大地降低网络结构的不确定性，提高网络的收敛速度，因此在探究网络结构的同时，探索一种有效的算法和学习策略已成为解决上述问题的途径之一。目前此方面的发展迅速，如深度学习和强化学习等。

5.2.2 两方法比较

通过比较式(5.1) 和式(5.5) 发现，两个表达式具有相同的外在形式。如果将投影寻踪回归中的岭函数看成是神经网络中的神经元函数且不考虑阈值，可以说投影寻踪回归模型就相当于一个三层神经网络模型，两者在参数设计、优化策略和模型结构方面具有相似性。投影寻踪回归是借用了解决高维问题的投影寻踪思想，而神经网络则采用线性加权的方式实现输入信息的神经元传导；投影寻踪回归采用了岭函数加权的形式提取信息，而神经网络采用的是神经元的形式提取系统信息特征；神经网络中的 BP 网络采用了反向传播算法，而投影寻踪回归采用了贪婪返回学习策略，逐层、逐个地完成参数优化。当然，模型实现策略决定了两类方法最终的细致结构是不同的，也反映在应用模型时表现出来的特点。

从 BP 网络模型与投影寻踪回归模型的建模思路来看，它们都没有假定输入到输出的直接映射关系，而是对组成此映射关系的子函数单元进行了处理，采用了多个单元函数逼近一个输出目标的方式；不同之处在于单元函数的形式不同，BP 网络模型选取了 S 型函数等，投影寻踪回归模型采用了数值估计的岭函数，是一种无具体形式的值函数。从实际应用的角度来看，它们实现的手段及表现的特点也具有明显的差异。下面从四个方面对比论述了 BP 网络模型与投影寻踪回归模型的特性：

(1) 对模型自身的假定。就 BP 网络模型而言，对神经元子函数进行了假定，假定神经元函数为 S 型函数。此假定在理论上并未得到可靠和充分证明，只是在实践应用中表现出非线性的逼近能力。对于投影寻踪回归模型也有一个假定，即认为回归函数可以表示为若干个岭函数和的形式。这个假定在多数的实际应用中是可行的，但也缺乏理论上的证明。两种模型存在假定，而且这些假定未被证明具有普遍意义，因此在应用时最好有比较、有选择地使用。

(2) 模型的稳健性主要表现为模型是否能较好地解决复杂性与精确性之间的矛盾，也就是说，当观测值中出现特异值，如极大或极小值时，模型具有自觉适应的能力。对于 BP 网络模型，由于神经元函数 $\varphi(Z)$ 被假定为 S 型函数，从图 5.2 中可以看出，当 Z 取大值时，$\varphi(Z)$ 也大，而当 Z 是小值时，$\varphi(Z)$ 也小。网络权值的修正公式为

$$\frac{\partial E}{\partial w} = \sum_{i=1}^{n} (t_i - y_i) \varphi'(z_i) x_i \tag{5.6}$$

式中，n 为样本个数；E 为全体样本的误差总和；w 为权值；t_i 为教师值；y_i 为网络输出值；$z_i = \sum_{k=1}^{m} w_k x_k$，为神经元的输出值，$m$ 为神经元个数；x_i 为神经元的输入值。由式(5.6) 可以看出，误差修正与 $\varphi(Z)$ 和 Z 相关，因此大值在权值修正中占的比例大，小值占的比例小，模型本身是不稳健的。在投影寻踪回归模型中，由于采用了稳健的非参数方法来估计岭函数，因此模型本身是稳健的，降低了确定模型时的不确定性。

（3）模型是信息的载体，信息分布于模型的各参数中。BP 网络模型对信息的综合利用是通过调整神经元个数、网络权值和阈值来实现的，而神经元函数是信息处理器。BP 网络模型对参数的调整过程是这样的：分别输入若干样本点，计算每一点的拟合误差，将它们累加求得模型总误差，然后用总误差一次性修正模型中的所有参数。这种方式的出发点是认为各样本点之间是相互独立的，没有考虑序列内部在时间、空间上的相依性。投影寻踪回归模型对信息的综合利用是通过优化模型中的投影方向、岭函数权值、岭函数个数和值三个类参数来完成的。其参数优化过程如下：一次输入全部样本序列，选取若干个反映序列特征的最佳投影方向，将序列投影到一维子空间，在各子空间找到低维样本序列的最佳拟合函数（值）作为估计岭函数，并给出相应的岭函数权值，然后组成回归函数，计算总误差，再分组优化模型参数。可见，投影寻踪回归的参数优化是在考虑参数类型之间、各参数类内部的时空相依性基础上逐层、逐个单元分步骤寻优实现的。模型对参数进行调整与优化的过程可看作是对信息综合利用的过程，优化过程不同，信息分布形式不同，必然带来信息利用的差异。投影寻踪回归模型的参数类型（3 类）基本等同于 BP 网络模型（3 类），但前者采用步步寻优的思想，在信息综合利用方面比 BP 网络模型更充分。

（4）由于两种模型的理论收敛性均未得到很好的证明，因此，在应用时会存在前述的问题，如结构不易确定、收敛速度慢等。当然，建立模型时的收敛速度不仅受到模型本身的影响，而且也与模型参数的优化算法有密切联系。BP 网络模型的单元函数是 S 型函数，采用梯度下降算法的权值修正量 Δw 是 φ 和 Z 的函数，当 Z 取大值或小值时，φ 进入 S 型函数的平坦区，用差分代替导数时，权值的修正进入迟钝状态，其结果降低了权值修正的收敛速度。就投影寻踪回归模型而言，模型本身无此问题，但由于采用步步寻优的参数优化思想，再加上参数较多，因此收敛速度对参数的优化算法依赖性大。由此可见，BP 网络模型与投影寻踪回归模型都需要在参数优化方面引入更有效的算法以提高模型收敛速度。

BP 网络和投影寻踪回归从系统的角度来说，都属于多输入、多输出（一般为单一输出）的回归解释范畴，可以概化为网络回归范畴，或者从数据挖掘的角度来看，属于有监督学习的方法。此类网络回归的特点在于采用多个一维子函数（神经元函数）线性加权和的形式来拟合回归函数，不直接给出自变量因子与因变量因子之间相关关系的形式，而是采用中间子函数实现输入到输出的映射，并采用一系列算法策略根据样本资料来估计每一个子函数形式和权值的大小。这一可加性特点为耦合打下了坚实基础。具体来说，以这种方式建立数据模型分别表现为两种类型：一种是采用同一中间子函数形式的 BP 网络模型，其中神经元函数均采用确定的 S 型函数；另一种是采用不确定形式的神经元函数，指投影寻踪回归模型中的岭函数。

上述分析一方面比较了 BP 网络模型与投影寻踪回归模型形式及内容上的相似性，另一方面也论述了 BP 网络与投影寻踪回归在应用时的优缺点，两者既表现了网络回归的共同优势，又各自具有解决问题的特点。通过对比分析发现，可以将两者融合构造一种取长补短的新网络形式，即基于神经网络的投影寻踪耦合回归模型（以下称为投影寻踪回归网络学习）。

5.3　投影寻踪回归网络学习

在式(5.1)原理的基础上，采用网络学习的方式来实现投影寻踪回归，称为投影寻踪回归网络学习。由于 BP 网络模型在解决回归问题时采用了多个神经元逼近的思路，而投影寻踪回归模型采用若干个岭函数逼近的思路，神经元与岭函数具有某些共性，可以将投影寻踪回归的贪婪法、返回拟合学习策略用于神经网络学习并考虑岭函数的特性，建立新的投影寻踪回归网络学习模型，这样从网络结构、学习策略和神经元函数等方面拓宽了神经网络的研究内容，同时也能发挥投影寻踪解决高维变量问题的优势。

5.3.1　学习网络结构

投影寻踪回归网络学习采用的是三层神经网络的结构。从目前网络的发展来看，神经网络一般为一个隐层的网络，在理论上已经证明三层网络能够逼近任意的非线性函数，因此本书规定所讨论的网络结构均为一种有多个输入、单个输出、含一个隐层的三层简单网络结构形式。根据式(5.1) 可知，网络第一层为投影输入层，第二层为残差拟合层，第三层为网络输出层。一个简化的投影寻踪回归的网络结构如图 5.3 所示。

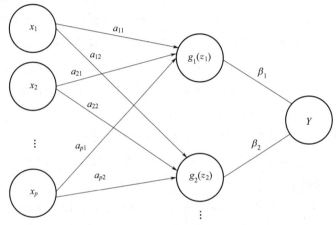

图 5.3　投影寻踪回归网络结构

考虑投影寻踪优化策略的投影寻踪回归网络学习结构如图 5.4 所示。

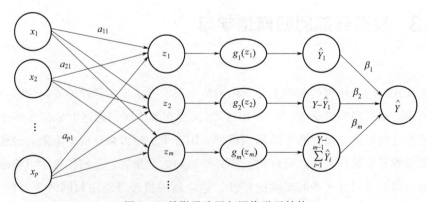

图 5.4　投影寻踪回归网络学习结构

投影寻踪回归网络学习结构的另一个关键部分是神经元函数的形式。已有的研究表明，神经元函数的选择直接影响到模型的计算精度和收敛速度等问题。下面介绍基于两种不同函数形式的投影寻踪回归网络学习模型的确定方法。

5.3.2 网络神经元函数

5.3.2.1 基于 Hermite 多项式

依据文献 [5,6]，下面给出了基于 Hermite 多项式的投影寻踪回归网络学习方法。在参数投影寻踪中，为了避免使用庞大的函数表，且能保证逼近的精度，采用可变阶的正交 Hermite 多项式拟合其中的一维岭函数 g。其数学表达式为

$$h_r(\mathbf{Z}) = (r!)^{-\frac{1}{2}} \pi^{\frac{1}{4}} 2^{-\frac{r-1}{2}} H_r(\mathbf{Z}) \varphi(\mathbf{Z}) \quad -\infty < \mathbf{Z} < \infty \tag{5.7}$$

式中，r! 为 r 的阶乘；$\mathbf{Z} = \mathbf{a}_k^{\mathrm{T}} \mathbf{X}$；$\varphi$ 为标准高斯方程，$\varphi(\mathbf{Z}) = \dfrac{1}{\sqrt{2\pi}} e^{-\frac{z^2}{2}}$；$H_r(\mathbf{Z})$ 由 Hermite 多项式[5] 采用递推的形式给出，如 $H_0(\mathbf{Z}) = 1$，$H_1(\mathbf{Z}) = 2Z$，$H_r(\mathbf{Z}) = 2[ZH_{r-1}(\mathbf{Z}) - (r-1)H_{r-2}(\mathbf{Z})]$。

假设输出层权值为 1，不考虑偏差项时，式(5.1) 的投影寻踪回归拟合的表达式为

$$f(\mathbf{X}) = \sum_{i=1}^{m} \sum_{j=1}^{R} c_{ij} h_{ij}(\mathbf{a}_i^{\mathrm{T}} \mathbf{X}) \tag{5.8}$$

式中，R 为多项式的阶数；c 为多项式系数；h 表示正交 Hermite 多项式，可根据式(5.7) 计算。由式(5.7) 可以得到不同 "阶" 下的一系列光滑曲线，一个三阶的多项式如图 5.5 所示。

数据中所包含的信息通过多项式的系数 c 与阶数 r 表征出来，多项式阶数

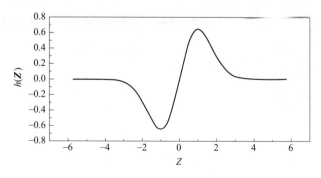

图 5.5 Hermite 三阶多项式曲线

r 确定后，可以用最小二乘法求得使多项式拟合值与残差最小时的 c 值。令

$$\boldsymbol{Y} = (f(z_1), f(z_2), \cdots, f(z_n))^{\mathrm{T}} \quad n \text{ 为样本的个数}$$

$$\boldsymbol{h} = (h_1(z_l), h_2(z_l), \cdots, h_R(z_l))^{\mathrm{T}} \quad l = 1, 2, \cdots, n$$

则

$$\boldsymbol{H} = \begin{pmatrix} \boldsymbol{h}_1^{\mathrm{T}} \\ \boldsymbol{h}_2^{\mathrm{T}} \\ \vdots \\ \boldsymbol{h}_R^{\mathrm{T}} \end{pmatrix}$$

设 $\boldsymbol{C} = (c_1, c_2, \cdots, c_R)^{\mathrm{T}}$，求系数 $\boldsymbol{C}$ 是使得式（5.9）成立。

$$\min_{\boldsymbol{C}} \|\boldsymbol{Y} - \boldsymbol{HC}\|^2 \tag{5.9}$$

将以上算式代入式（5.8），求导后可以得到

$$\boldsymbol{C} = (\boldsymbol{H}^{\mathrm{T}}\boldsymbol{H})^{-1}\boldsymbol{H}^{\mathrm{T}}\boldsymbol{Y} \tag{5.10}$$

当给定一个新样本点 Z 时，就可以在根据样本资料确定的曲线上，内插或外延新样本点 Z 所对应的 f，也可以根据多项式方程式来计算。实践证明，Hermite 多项式的内插和外延性能优于投影寻踪回归中的逐段线性回归曲线。

Peter Hall[7] 用 Hermite 函数定义了一类投影指标来帮助确定投影密度估计中的投影方向，并证明了这种统计指标在逼近中的有效性。有时为了加快收敛速度，在函数中加入一个偏差项，此时模型的表达式为

$$f(\boldsymbol{X}) = \sum_{i=1}^{m} \sum_{j=1}^{r} c_{ij} h_{ij}(\boldsymbol{a}_i^{\mathrm{T}}\boldsymbol{X} - \theta_i) \tag{5.11}$$

式中，θ 为偏差项；其他的符号意义同前。

5.3.2.2 基于核函数的样条平滑

Peter Hall 给出了基于核函数的投影寻踪回归模型[7]，并对其逼近的收敛性进行了讨论。Zhao 等[8] 给出了基于核函数的样条平滑，用此样条函数的加权和作为神经元函数，模型形式为

$$y = \sum_{j=1}^{m} \sum_{i=1}^{p} c_{ij} g(xa_j, t_i) \tag{5.12}$$

式中，t_i 为样本序列投影后的一些分段点；g 为一维具有对称形式的权函数，即 $g(s, t) = g(|s - t|)$，s 为投影值；a_j 为投影方向。当样本个数 N 足够大时，三次样条函数 $g(s, t)$ 的计算式为

$$g(s,t) = \frac{1}{f(t)} \times \frac{1}{h(t)} k\left(\frac{s-t}{h(t)}\right) \tag{5.13}$$

式中，$f(t)$ 为 t_i 的局部密度；$h(t)$ 为非参数估计中的一个局部宽度指标，可定义为

$$h(t) = \lambda^{\frac{1}{4}} N^{-\frac{1}{4}} f(t)^{-\frac{1}{4}} \tag{5.14}$$

核函数 $k(u) = 0.5 e^{-|u|/\sqrt{2}} \sin(|u|/\sqrt{2} + \pi/4)$，如图 5.6 所示。

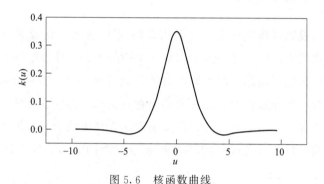

图 5.6　核函数曲线

式(5.13) 的样条模型，是由对每个投影值 s 分段后的解析曲线 g 加权拼接而成的曲线，在拼接处能够达到一定的光滑程度，相较于投影寻踪回归中的逐段线性光滑，此投影寻踪回归模型较原有模型更有利于计算方差和导数，同样避免了在非参数投影寻踪回归中用一个大型的数据表来进行差分计算。但此方法对样本点的个数要求较高，必须保证局部区域 $h(t)$ 内具有一定的样本个数，才能较好地估计出这个区域的局部曲线 $g(s,t)$。

上述可加子函数逼近模型都是利用近代统计学中的逼近论来实现对实测序列点的尽可能地逼近、拟合，模型形式由实测数据确定。从理论上看，其能实现极其复杂的样本序列的拟合，使得拟合误差达到最小，但对于参数与模型确定的样木点而言，特别是对于特殊的点，例如极大或极小值等，其偏差可能是较大的。加之模型的误差较小但偏差却不一定一致地小，虽然在逼近时很有用，但对于预测问题，效果就不一定好，因此需要根据不同的研究对象全面地掌握模型变化的规律，进行适当干预调整。

目前神经元函数的形式正向着更细致的方向发展，以期能解决一些更复杂的问题，Hermite 多项式与样条平滑都是对投影寻踪模型的有意义补充。Hermite 多项式属于参数回归的范畴，而数值平滑属于非参数的范畴。由于非参数回归模型要求大量样本才能实现无偏的估计，对于资料短缺的回归逼近而

言，选用非线性的 Hermite 多项式较合适。另外，Hermite 多项式的计算并不复杂，系数的确定有明确的计算公式，这有利于实际中的应用。在其他方面的应用实践表明，Hermite 的计算效果优于 BP 网络的 S 型函数，也优于非参数投影寻踪回归模型的超级平滑器，因此本书只给出基于多项式的投影寻踪回归网络学习方法的参数优化过程。

5.3.3　参数分类优化学习

在传统的投影寻踪模型中，常采用高斯-牛顿法来优化投影方向。用此方法优化模型中的参数时，往往需要求解一个矩阵方程，涉及矩阵求逆、函数求导以及解的可行性等问题。此类算法对神经元函数的形式要求较高，一般要求神经元函数的一阶导数存在，即函数必须在定义域内连续、可导，并且导数矩阵必须是非奇异阵。由于现实问题的复杂性，在高维情形时，很难完全保证上述要求，限制了投影寻踪模型解决某些复杂问题的能力，给实际应用带来了困难。

本节引用了投影寻踪新算法并结合投影寻踪回归的学习策略来优化模型［式(5.8)］中的参数。从式(5.8) 来看，将全部参数进行预先分组后，对于每一子参数组而言有两类参数需要优化，即投影方向 a 和多项式系数 c。因此，投影寻踪回归网络学习参数优化的分布式路径如图 5.7 所示。

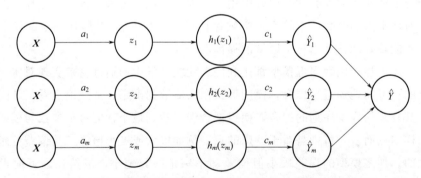

图 5.7　投影寻踪回归网络学习方法的参数分布式优化框架

在建模中，投影方向参数的优化采用智能优化算法。遗传算法善于搜索复杂解区域，从中找出目标值高的区域，但如果只对几个变量作微小的改动就能改进部分参数解，则最好能另外使用一些更普通的方法，为遗传算法助一臂之力。因此在优化投影寻踪模型的参数时，采用遗传算法与线性优化相结合的方式。对于投影方向 $\boldsymbol{a}$，可采用遗传优化算法，多项式系数 c 利用了公式(5.10)的一维线性回归优化计算，多项式的阶数 r 可根据经验预先假定，然后用试错法来最后确定。对每一组参数 $\boldsymbol{A}$、$\boldsymbol{C}$，采用投影寻踪回归的三个优化策略及投影关键技术逐类优化，于是有如下的投影寻踪回归网络学习参数分布式优化过程：

第一步，选定 m 个初始投影方向，对每一个投影方向：

(1) 给出实数编码，计算一维投影值 $z_i = \boldsymbol{a}^\mathrm{T} X_i (i=1,\cdots,n)$，$n$ 为样本总数；

(2) 对散布点 (z_i,y_i)，用正交 Hermite 多项式拟合，多项式系数 c 可用最小二乘法获得，然后根据式(5.8) 计算 $\hat{y}_i$；

(3) 计算目标函数：$Q = \dfrac{1}{n}\sum_{i=1}^{n}(y_i - \hat{y}_i)^2$；

(4) 计算遗传算法中的适应度函数：$f = \dfrac{1}{Q^2 + \varepsilon}$。

第二步，对 m 个初始方向的实数编码，按适应度值进行杂交、变异和选择的遗传算法操作，在解空间产生 $3m$ 个较优的方向解以及相应的拟合多项式。

第三步，依照第一步重新计算目标函数。

第四步，从 $3m$ 个目标函数中选出 m 个较小的值，其对应的参数作为新一代解。

第五步，回到第一步开始下一个循环的优化，直到满足一定的循环次数。

第六步，选出目标函数中的最小值所对应的投影方向 $\boldsymbol{a}$ 和拟合多项式系数 c，计算拟合残差：$R_i = y_i - \sum_{j=1}^{r} c_j h_j(\boldsymbol{a}^\mathrm{T} X_i)$。如果满足要求则输出模型参数，否则执行第七步。

第七步，用 R_i 代替 y_i，回到第一步开始下一个岭函数的优化，直到满足一定的要求，停止增加岭函数的个数，输出最后结果。

投影寻踪网络回归学习的整个过程需要特别说明的是目标适应度函数的计算。遗传算法优化的主要目的是寻找最能反映研究对象特征的投影方向，但由于投影矩阵的求解同时受到多项式系数 c 的影响，因此在优化投影方向 $\boldsymbol{a}$ 时，同时考虑 c 的优化问题。每一组的参数优化模块耦合框架如图5.8所示。

在优化计算目标适应度函数时，包括两部分的嵌套式贪婪优化策略：首

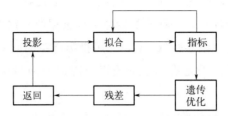

图 5.8   投影寻踪回归网络学习模块耦合框架

先，贪婪优化神经元函数 Hermite 多项式中的系数 c，由初始的投影矩阵 a 对输入样本投影得到一维投影变量 Z，对给定的多项式阶数 r 计算多项式系数 c，使得误差平方和最小。其次，根据式(5.9) 贪婪优化每一个投影方向解下的目标适应度函数，直到完成全部 m 个投影方向解。

上述的参数优化方法采用的是分布式和嵌入式优化的策略。采用梯度下降算法和遗传算法以相对独立的形式分别完成不同组神经元函数下的 c、a 优化，在每轮优化 c、a 时，采用循环迭代方式，确保每轮 c、a 都是最优的，从而实现两次贪婪策略。

新的参数优化算法是用遗传算法来优化投影方向 a，建立了一个新的投影寻踪参数优化策略，整个方向优化过程无须求逆、求导。在高斯-牛顿迭代算法中是从可行解空间中的某一点逐步迭代搜索最终到达最优解，而在投影寻踪智能算法中是同时在单位面积上随机选择多个不同的投影方向，在整个单位面积区域内通过交叉、变异、选择的操作，较快地找到一个恰好或近于最优投影方向的解。前者是由初始点出发，因此初始点选择很重要，而后者则由多点开始，可以学习整个图面，更易于随机找到最优解。

对于添加了一个阈值项 θ 的模型，优化算法基本同上，简述如下：

首先，假定初始模型包含 m 个函数单元，即投影的方向共有 m 个，并给出 m 组参数 a、θ 的初始值；

其次，以式(3.4) 为投影指标，逐个优化参数 a、θ，由于多项式是光滑可积的，参数 c 可采用最小二乘法优化；

最后，用残差拟合的策略进行投影寻踪回归逼近，直到完成全部 m 组参数的优化。

增加一个阈值项的投影寻踪回归网络学习的学习策略类同于前一个投影寻踪网络回归模型的参数优化过程，只是需要重点考虑阈值 θ 的确定，可在优化投影方向的同时完成。其整个学习过程既相互独立，又彼此制约。从大循环来说，依然采用了残差拟合的策略，前一个神经元的学习效果影响着下一个神经元；而在每一个小循环中，前一个参数的确定影响后一个参数，神经元函数与每个神经元参数之间相互协调，直到满足逼近的要求。整个算法是一个系统、有序的活动策略。

综上所述，在投影寻踪回归网络学习中存在三个关键的问题：

（1）参数的优化。该模型中共包括三类参数，即 a、θ、c，其中投影方向的优化是关键，优良的优化算法能提高整个模型实现的质量。投影方向 a 是变量 x 的线性投影矩阵，可以通过对误差求导得到。但由于总误差 E 并不是 a 的直接形式，而是间接形式，因此在参数优化时，需要采用逐步迭代的优化方法。关于阈值 θ，认为其与投影方向具有同样的性质，可采用相同的方式进行优化。当神经元函数是以参数形式给出时，如 Hermite 多项式，其中的系数 c 就是求解总误差最小的线性方程的解，可以直接通过求导数的形式给出，如式(5.10)。在优化参数时，困难的是投影方向 a 的优化计算，当然，随着各种优化算法，特别是一些全局随机优化算法的出现，提供了优化投影方向的新途径。

（2）一元拟合函数。在投影寻踪网络回归模型中称为神经单元函数，其选择的范围很宽，可以在统计分析领域内选取多种函数的逼近形式，其最终目的一方面是要实现剩余方差与估计值间的均方差最小，另一方面还要便于计算。一般在投影寻踪耦合模型中常采用 Hermite 多项式作为一元逼近函数。确定光滑函数实质上就是一个线性回归或非线性回归分析的过程。与 BP 网络不同的是投影寻踪网络回归模型的单元函数也是网络学习的一个方面，其随着研究对象的不同而形式各异，而且在不同的投影方向就有不同的单元函数。

（3）网络结构参数确定。在单元函数优化过程中为了避免网络的过渡拟合现象，可采用网络中常用的裁剪或构造组合策略来确定神经单元函数的个数。裁剪策略是首先假定 m 个单元，优化 m 个单元对应的参数，然后从 m 神经元中拿掉其中一个神经元，用其余 $m-1$ 个神经元拟合数据，直到研究者所指定的最后 m' 个神经元，它们的拟合作为最后的模型。这是一种避免过渡拟合的优化策略。构造策略则是一次只增加一个神经元，神经元的个数由无到有，由少到多逐个增加后，再通过返回拟合，由多到少地最后确定神经元的个数。投影寻踪回归中岭函数个数确定的方法等同于该策略。

5.4   投影寻踪回归模糊推理学习

5.4.1   基本原理

　　系统的动态演化规律通常是由若干个具有相互关联关系的变量共同作用的结果。以水资源系统为例，设某下游站流量 y 受到 m 个上游支流流量 x_1，x_2，…，x_m 以及区间降水 x_p 的影响，目前预报估计河段下游流量的方法有许多。当上、下游流量关系简单时，可采用经验相关法[9]，根据上游来水直接预测下游流量；当上、下游的相互关系复杂时，可将上游的若干影响因素作为输入变量，河段下游站流量作为输出变量，建立多元回归模型或神经网络模型。如果输入准确的水文资料，预测时以上模型都能在不同方面显示出优势。在一些地区，由于人为测量的误差或自然的原因造成部分水文资料不精确，部分资料信息是模糊不确定性的，或根据经验给出概念上的量度，信息的模糊特征使得估计时无法再用上述方法。当预报河段流量时，又常常涉及多个影响因素，由于因素之间的复杂关系，往往不能找到一种有效的模型明确地表达变量之间对应的不确定关系。解决的办法之一便是引入具有一定物理基础的模糊数学概念，通过对模糊概念确定性的定性描述，以模糊的确定达到描述影响变量之间不确定性的定量关系的目的。根据这一思路可以建立用于回归的模糊模型。

　　系统输入自变量在量值上是不确定的，虽然不能建立确定性的数学模型，但模糊变量的概念之间却存在确定的模糊推理关系 If-Then，例如上游来水大，则下游来水大等。因此可以利用输入变量与输出变量之间的推理关系，提取确定性变量内的模糊不确定信息建立河段流量预报模型，称模糊推理模型。模糊推理回归是利用自变量与因变量之间的模糊推理关系建立的回归模型[10,11]。

　　但当影响变量较多时，这种模糊关系相当复杂，仅仅运用模糊数学的方法很难描述清楚，且建模过程也变得相当困难。针对影响因素较多的问题，可以先引入压缩和提取高维特征量的投影寻踪方法降低输入空间的维数，再对投影后的变量建立模糊推理模型，形成投影寻踪模糊推理回归方法。该方法是在网络情景下，借助投影寻踪的思想，以模糊隶属度函数作为神经元函数，采用神经网络结构形式实现输入与输出变量的映射逼近。

投影寻踪回归模糊推理学习方法旨在解决综合考虑部分变量精确、部分变量模糊的问题。对于全部自变量为模糊变量的情形，借用已有的变量表达，考虑自变量为两种不同类型的模糊输入情形，不考虑偏差项的投影寻踪回归模糊推理学习的表达式为

$$\hat{Y} = \overline{Y} + f(\boldsymbol{X}) = \overline{Y} + \sum_{i=1}^{m} F_i(\mu(\boldsymbol{a}_i^{\mathrm{T}}\boldsymbol{X}), \mu(\boldsymbol{X}')) \tag{5.15}$$

式中，μ 为变量的模糊隶属度函数；$\boldsymbol{X}$ 为同质性的模糊输入变量；$\boldsymbol{X}'$ 为与 $\boldsymbol{X}$ 不同类的模糊输入变量；F_i 为第 i 个模糊推理规则。

如果所有的 $\boldsymbol{X}$ 为同质性的模糊输入变量，投影寻踪模糊推理回归的表达式为

$$\hat{Y} = \overline{Y} + f(\boldsymbol{X}) = \overline{Y} + \sum_{i=1}^{m} F_i(\mu(\boldsymbol{a}_i^{\mathrm{T}}\boldsymbol{X})) \tag{5.16}$$

在投影寻踪方法中，线性投影实际上是一个提取特征量的过程，这个特征量只反映研究对象的主要变化规律，因此可以认为是一个不完全的信息量，是模糊的。基于此问题，可将模糊理论与投影寻踪结合起来，进一步解决模糊信息的提取问题。首先需对输入变量进行两个分组假设，一组为属性相同的精确变量，另一组为模糊变量，然后用投影寻踪方法对精确变量进行线性投影变换为一维变量，再与另一组模糊变量共同构成模糊推理关系，经过投影后建立的模糊模型的输入变量个数明显减少，有利于确定较复杂的模糊对应关系，这样模型既可以充分提取变量之间的相关信息，也利于估计计算。由式(5.15) 和式(5.16) 可以看出，投影寻踪回归模糊推理学习可在自变量定性分类的基础上分别建立回归推理结构，每个类型就是一个网络神经元节点，在建模时可加入对模糊推理的经验判断，具有现实的适应性。

在采用模糊集合构造模糊语言上的定性推理规则时[12]，逼近的最终目标是获得定量而非定性的拟合结果，建模的关键在于必须将输入与输出的定性描述的推理规则以定量的方式表示出来。在模糊数学中，可利用隶属度函数之间的关系来量化输入与输出变量之间的模糊推理映射关系。如，对于某一规则来说，当上游流量隶属于模糊集合 $A_{\max}$ 的程度达到 μ_A 时，下游流量隶属于集合 $B_{\max}$ 的程度达到 μ_B，这样就可将模糊集合与集合之间的定性关系转化为隶属度与隶属度之间的定量规则运算。

投影寻踪回归模糊推理学习方法的重点在于"线性投影＋模糊推理＋参数

优化"，线性投影采用投影寻踪算法实现，模糊推理的问题在于如划分模糊集合、确定模糊隶属度函数和模糊推理规则等三个方面，对每一组参数优化的耦合框架如图 5.9 所示。

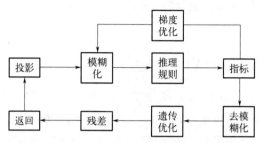

图 5.9   投影寻踪回归模糊推理学习耦合框架

5.4.2   模糊隶属度

网络模型中首先需确定模糊隶属度神经元函数的个数，也就是划分模糊集合从而确定输入、输出变量的模糊子集个数，简单而言就是决定变量值空间的分割。通常有两种方法：一是根据专家经验预先获得；二是根据样本资料的具体情况估计求得。最简单且最常用的办法是先决定各输入变量对应的模糊集个数，然后在输入变量定义域内进行平均分割。为了计算方便，首先将输入变量 x 的值通过类似式规范到[0,1]之间。

$$x' = \frac{x - x_{\min}}{x_{\max} - x_{\min}}$$

式中，$x_{\min}$、$x_{\max}$ 分别为变量的极小、极大值。然后再用简单的等分法对集合划分。集合划分越细就越有利于描述系统的细部特征，一般考虑变量划分为 6 个模糊子集合；当模糊划分不能满足计算要求时，可随时增加模糊划分的个数。当输入变量的个数为 2 时，可将输入、输出变量的三维曲面映射到一个输入变量上，然后根据映射的平面曲线的顶点划分该输入变量的模糊子集，使得更切合原始资料本身。

系统变量的模糊不确定性是客观存在的，对于一个给定的自变量，既可以说是大也可以说是小，也就是说，流量可以同时部分地属于多个模糊集合，大与小是相对的、模糊的概念，而大与小的程度由变量隶属于某一先验隶属度函数确定。

预先假定的模糊隶属度函数可为梯形、三角形及钟形，本书只给出了梯形形式，如图 5.10 所示。其计算如下：

$$\mu_A(x) = \begin{cases} 0 & x < a \\ \dfrac{x-a}{b-a} & a \leqslant x < b \\ 1 & b \leqslant x < c \\ \dfrac{x-d}{c-d} & c \leqslant x < d \\ 0 & x \geqslant d \end{cases} \tag{5.17}$$

式中，$\mu_A(x)$ 为变量 x 隶属于模糊集合 A 的值，取值为 $[0,1]$ 之间。在梯形隶属度函数中要求 $a < b \leqslant c < d$。

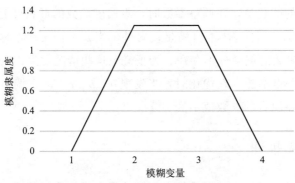

图 5.10　梯形隶属度函数形式

当预先假定的模糊变量的隶属度函数不准确时，须根据实测样本资料进行优化。如采用梯度下降算法，优化模糊隶属度函数参数的计算式为：$\theta_{k+1} = \theta_k + \gamma(y_k - \hat{y}_k)\dfrac{\partial \hat{y}_k}{\partial \theta}\big|_{\theta=\theta_k}$。其中 γ 为控制参数修正速度的参数；θ 分别指式（5.17）中的 a、b、c、d 时，可以有

$$\frac{\partial \hat{y}}{\partial a} = \begin{cases} \dfrac{Y_j - \hat{y}}{\displaystyle\sum_{i=1}^{R}\mu_i} \times \dfrac{\mu_j}{\mu_{ij}} \times \dfrac{1}{b-a}(\mu_{ij}-1) & a \leqslant x \leqslant b \\ \\ 0 & \text{其他} \end{cases} \tag{5.18}$$

$$\frac{\partial \hat{y}}{\partial b} = \begin{cases} \dfrac{Y_j - \hat{y}}{\displaystyle\sum_{i=1}^{R}\mu_i} \times \mu_j \times \left(-\dfrac{1}{b-a}\right) & a \leqslant x \leqslant b \\ \\ 0 & \text{其他} \end{cases} \tag{5.19}$$

$$\frac{\partial \widehat{y}}{\partial c} = \begin{cases} \dfrac{Y_j - \widehat{y}}{\displaystyle\sum_{i=1}^{R} \mu_i} \times \mu_j \times \left(-\dfrac{1}{b-a}\right) & c \leqslant x \leqslant d \\ \\ 0 & \text{其他} \end{cases} \tag{5.20}$$

$$\frac{\partial \widehat{y}}{\partial d} = \begin{cases} \dfrac{Y_j - \widehat{y}}{\displaystyle\sum_{i=1}^{R} \mu_i} \times \dfrac{\mu_j}{\mu_{ij}} \times \dfrac{1}{c-d}(\mu_{ij}-1) & c \leqslant x \leqslant d \\ \\ 0 & \text{其他} \end{cases} \tag{5.21}$$

式中，Y_j 为第 j 条模糊规则的结论部输出值；$\widehat{y}$ 为模型的估计值；R 为模糊规则数；μ_{ij} 为第 i 个输入变量在第 j 条模糊规则的适应度。

需要注意的问题是，在调整参数时，隶属度函数的形状可能会被破坏，参数的约束条件 $a < b \leqslant c < d$ 不再满足；另外，当 $a = b$，$c = d$ 时，梯形变成矩形，$\widehat{y}$ 对这些参数的偏微分不存在。为了避免这些情况发生，在参数调整过程中须加入一些防范措施，在优化时，当发现 a、b、c、d 在调整后不满足约束条件时，就保持原有的参数值不变。

5.4.3　模糊推理

由于变量具有概念上模糊的特点，因此运用模糊重组后形成模糊规则的办法来揭示自变量与因变量的模糊映射规律，并通过对模糊概念隶属程度的假定学习来达到定量推理的目的。以上过程称为模糊推理。当模糊集合的个数与隶属度函数的形式确定后，可用下述办法产生模糊推理规则。

（1）设 x_1，x_2 为两类输入自变量，在投影寻踪模型中，分别代表投影压缩特征量 z 和剩余变量 x_p；A_{ir} 表示第 i 个变量在第 r 条规则对应的模糊子集。从两个输入变量中各取一个模糊子集，形成模糊子集组合下的模糊推理条件部，也称为模糊规则条件部，例如 x_1 为 A_{1r}、x_2 为 A_{2r} 等。

（2）对所有 n 个样本，计算某一条件部规则 A 成立的适用度：$\mu_k(x_k) = \prod_{i=1}^{2} \mu_{Aik}(x_{ik})$。若规则适应度 $\mu_A = \sum_{k=1}^{n} \mu_k(x_k) = 0$，则条件部对应的上述规则不成立，转到（5）；如果不为 0，则转到（3）。

（3）由模糊条件部的规则适用度 μ_A 与实际输出变量 y 的加权比，确定模糊规则结论部的输出为

$$y_0 = \frac{\sum_k (\mu_k(x_k) y_k)}{\sum_k \mu_k(x_k)} \tag{5.22}$$

（4）设 B 为输出变量的隶属度函数 μ_y 的输出值，根据第 j 条规则条件部计算的 y_0 值来估计结论部的隶属度值 Y_j［见式(5.23)］，实现第 j 条规则条件部 A 到结论部 B 的映射，完成模糊推理。

$$Y_j = 距离 \ y_0 \ 最近的 \ B_j \tag{5.23}$$

（5）对遍历输入变量模糊集后组合而成的所有成立的规则重复（1）～（4）后，确定最后的条件部组合，即规则条件部适应度不为零的规则。

（6）去模糊化完成回归逼近。由模糊规则条件部得到的输出值是一个模糊变量，而实际问题常常要求给出精确的预测值，因此需将模糊推理的结果转换为精确的数值量。这一过程称为去模糊化过程。去模糊化的方法有许多，如最大平均法、最大中点法、面积等分法以及阈值重心法等，最常用的是重心法。根据已经确定了的模糊规则，用重心法估计输出值 $\hat{y}$ 的过程大致分为三步：第一步，计算第 j 个规则的条件部适用度 μ_j；第二步，根据规则适用度求出结论部的输出 Y_j［见式(5.23)］；第三步，根据输入变量对各规则条件部的适应度不同，将所有规则按式（5.24）进行加权估计，得到模型最后的输出值 $\hat{y}$。这也是提取模糊信息的过程。

$$\hat{y} = \frac{\sum_{j=1}^{R} \mu_j Y_j}{\sum_{j=1}^{R} \mu_j} \tag{5.24}$$

式中，R 为总规则数，假设有两个模糊输入变量，各变量的模糊子集均为 6，全部模糊规则的理论个数为 $6^2 = 36$（个）；μ_j 为对应第 j 条模糊规则的适用度，常用乘法运算代替模糊运算中的取大取小运算，变量 x_1 隶属度 A_1 与变量 x_2 隶属度 A_3 组成的规则适应度可以写为 $\mu_j = \mu_{A1j}(x_1)\mu_{A3j}(x_2)$。

用投影寻踪提取主特征量，按照上述计算过程，建立若干主特征量与其余模糊变量的模糊推理耦合模型，借助智能优化算法可实现投影寻踪回归的模糊推理学习。

5.4.4 学习路线

投影寻踪与模糊推理耦合的基础在于投影寻踪方法在处理多元问题时取得

了有效的成果，但也存在"黑箱"问题；模糊推理方法意义明确，但也遇到了多变量难题。本章对两种方法取长补短，基于投影寻踪理论首次提出了针对信息特征量的投影寻踪压缩与提取，进而利用模糊推理技术进行预报的新方法。新方法的学习路线包括学习流程和学习策略两个方面，是模糊数据统计到模糊集学习[13,14] 的重要实现方法。

投影与模糊推理相耦合的建模过程如图 5.11 所示。其基本逻辑是先投影再推理，先整合再分布，先规则再推理。

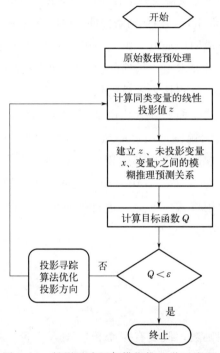

图 5.11　投影寻踪回归模糊推理学习流程

一方面，投影寻踪回归模糊推理学习方法充分利用了模糊推理法的优点，语言的规则条件部和结论部均用模糊集来定义描述，建模过程容易理解，同时也解决了由于观测引起的模糊不确定问题。另一方面，由于变量个数的增加，语言规则条件部的规则数目可能呈指数增加，在引入了投影寻踪技术后，可以减少由于系统输入变量较多、组合规则数增加带来计算量大的问题，为模糊推理方法在其他领域的应用提供了新思路。

投影寻踪模糊推理的参数包括投影寻踪方向参数和模糊隶属度函数参数两类，超参数为投影角度的个数。实现投影寻踪模糊推理回归学习的主要策略依然是残差拟合、贪婪推理。对于投影寻踪方向参数的学习，采用残差拟合的策略实现多个投影方向的遗传优化学习；在每一个投影方向下，隶属度函数的参数采用贪婪寻优策略实现梯度下降优化，每一次优化都找到最佳的隶属度函数参数，建立模糊推理规则。参数学习优化的过程具有横向耦合而纵向整合的特点，其中横向是指投影与模糊推理耦合，而纵向是指不同投影方向之间的残差加和。每一个投影方向，都有横向耦合过程，如图 5.12 所示。在横向耦合时，推理规则成立的判定是模型推理的关键；在纵向整合时，残差收敛是可加拟合的关键。

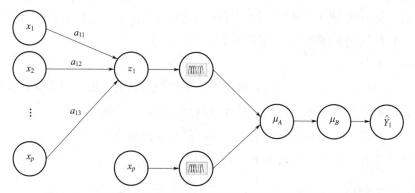

图 5.12　两类模糊变量的投影寻踪回归模糊推理学习的耦合网络

5.5　基于投影寻踪回归学习的离群点检测

5.5.1　检测原理

假设存在某一特定的高维离群点，可以采用模拟值与实测值之间的距离偏差来进行离群判别[15]。假设空间离群点 X^* 对应着一个输出值 Y^*，判定$(Y^* \mid X^*) \in (Y \mid X)$，另假设由 $(\hat{Y} \mid X)$ 的回归估计可以得到 $(\hat{Y}^* \mid X^*)$，那么高维离群点的检测问题在回归情形下可以转化为 $|(Y^* \mid X^*) - (\hat{Y}^* \mid X^*)| < \varepsilon$ 的判别问题。

在此思路下，对高维数据的回归估计是关键。如果采用解决高维数据的投影寻踪回归方法进行高维离群点检测，则投影寻踪回归高维离群点检测的耦合学习方法模块如图 5.13 所示。

5.5.2 学习流程

对某一特定的高维离群点或检测样
本未知时，采用投影寻踪回归学习的检
测流程如下：

（1）根据高维数据特征进行投影寻
踪回归学习；

（2）进行数据点的回归估计；

（3）计算回归估计值与实际值之间
的回归误差；

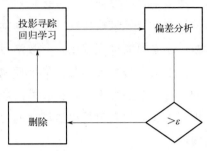

图 5.13   投影寻踪回归学习
离群点检测模块框架

（4）对回归误差进行判别，当误差大于任意小值时，即判断为离群样本；

（5）删除离群样本再回归，计算回归拟合指标；

（6）判断拟合指标是否得到了改善，以验证离群点。

基于上述流程的伪代码如下：

Dimension A, Z, X, Y, f

$$
\left\{
\begin{array}{l}
\text{Input } X, Y // \text{输入自变量与因变量;} \\
\left\{
\begin{array}{l}
\text{Call PPRL}(A, X, Y) // \text{投影寻踪回归;} \\
\hat{Y} // \text{输出估计值;} \\
|\hat{Y} - Y| > \varepsilon // \text{离群点判别;}
\end{array}
\right. \\
\text{Output}(X^*) // \text{输出离群点}.
\end{array}
\right.
$$

5.6 本章小结

本章从投影寻踪回归方法的基本思想、实现策略的比较出发，在与 BP 网
络比较的基础上，采用投影寻踪智能学习算法，给出了投影寻踪回归网络学习
［projection pursuit regression network learning，PPRNL(a,c,β)］和投影寻踪
回归模糊推理学习［projection pursuit regression fuzzy interference learning，
PPRFIL(a,μ)］的耦合方法形式与耦合路径，同时探索了高维数据离群点检测

的投影寻踪回归学习方法。

首先，上述耦合方法的关键在于三大要素的协同，三大协同要素指网络结构、学习策略和参数优化技术，在投影寻踪学习方法中是用投影寻踪智能优化算法实现三要素之间的有效协同；其次，在智能优化中还需要对模型参数分类优化进行三大策略的协同，三大策略指残差优化、贪婪优化、返回拟合，分别对应优化投影方向参数、神经元子函数参数和输出层参数；最后，在具体实施时依次运用三大技术路径，分别是线性投影、循环迭代、组合回归。三大协同、三大策略与三大路径共同实现高维空间下集成整合型的投影寻踪回归建模。另外，从本章节的研究中还可以得到以下启示。

（1）基于神经网络的投影寻踪耦合回归模型是诸多神经网络模型中的一种特殊类型。此模型主要包括投影寻踪回归与子函数网络映射，是投影寻踪统计思想与网络技术融合，吸取了投影寻踪回归算法与神经网络模型结构的优势，相互协调构成的一种新型网络。其中既有一维回归，又有网络映射重构，投影寻踪网络回归采用多项式子函数，投影寻踪模糊推理回归采用模糊推理规则子函数，两个方法分别从两个不同的角度来解决复杂的回归问题，特别是用于高维回归方程的逼近，能提高回归模型的逼近精度，加快训练速度，并节省单元函数的个数。

（2）非参数投影寻踪与基于神经网络的投影寻踪耦合回归的形式、建模的思路以及实现的算法都基本相同，只是后者依据神经网络的结构引入了特殊形式的神经元子函数，如数值函数。当考虑阈值 θ 时，其值近于 -1，也就是说对输入变量在投影线性加权后的投影值再减去 1，这样使得代入多项式神经元函数的投影值尽可能地位于 $0\sim1$ 之间。最终实现，在一定程度上避开拟合多项式对特大或特小值的迟滞区，从而提高拟合的精度和计算速度。

（3）模型参数可以分为参变量与超参变量。参变量是由模型中使用的函数本身决定的，超参变量会随着研究对象的复杂性不同而不断变化，一般可依据经验或优化策略确定。在投影寻踪网络回归中，参变量有输入神经元个数、投影方向、多项式系数，而超参变量有多项式阶数和神经元个数；在投影寻踪模糊推理回归中，参变量为投影方向、模糊隶属度函数的参数、输入神经元个数，而超参变量有模糊神经元个数；模型是通过不同类型参数的组合变化来完成灵活的非线性逼近功能的，换句话说，就是通过增加的参数来提取某一类信息。对于复杂问题，参数组合变化越灵活，越有助于信息的提取。例如神经网络模型可根据复杂性来调整神经元个数，可以建立参数与研究对象复杂性之间的确定性关系，而对超参数的定量研究还有待进一步深入，可以通过回归拟合绩效指标的学习曲线来率定。

（4）神经网络具有较高的非线性表达能力和较强的自学习功能，是解决复杂问题的重要手段之一，与其他方法耦合后更能充分地提取利用系统的不确定信息，提高逼近精度，而投影寻踪与神经网络耦合模型的结果也取得了同样的效果。投影寻踪耦合回归模型所含的参数类型表示了耦合模型的特质，如投影寻踪模糊推理回归，则包括模糊函数参数、投影方向参数和子函数节点个数等三种类型的参数，而参数越多，其对数据信息的利用率也就越高。参数是系统现实信息与模型实得信息的桥梁，可以用数据信息挖掘方法和参数优化算法来确定模型中关键参数的数量和时值。

（5）尽管用成熟的理论来证明投影寻踪回归的一致收敛性存在困难，但通过学习方法的实际建模应用可以得到一些统计推断证明方法的有效性，特别是明确的收敛准则会对建模起到重要作用。在实际建模应用中，根据不同的研究目标，来确定相应的收敛准则，如样本极大值的拟合偏差最小，或者全部样本的拟合偏差累计最小等，原则上回归模型能实现基于目标的收敛准则要求，建模工作就算完成。例如在水量预测中，可用相对误差小于 20% 作为控制精度，在风险预测中，也可采用风险预测的正误率指标作为学习的收敛的绩效指标。

（6）采用投影寻踪回归学习方法进行高维离群点检测是耦合学习路径的又一生动体现，其基本思路是"投影寻踪回归学习＋离群点检测"。前者要求实现最佳回归，后者的实现方法可参看相关统计学书籍。

（7）本章的研究内容具有举一反三的效果，后续研究可依据"投影＋子函数＋拟合＋优化"的耦合思路、参数优化策略和技术发展投影寻踪耦合回归的新方法。需特别强调的是，本章在投影寻踪回归模糊推理中给出了部分投影的方法，对开展具有多类型属性差异性的随机变量拟合分析具有现实意义。

参考文献

[1] Friedman J H, Stuetzle W. Projection pursuit regression [J]. J Amer Statist Assoc, 1981 (76)：817-823.

[2] Huber P J. Projection pursuit [J]. The Annals of Statistics, 1985, 13 (2)：435-475.

[3] 刘国东, 丁晶. BP 网络用于水文预测的几个问题探讨 [J]. 水利学报, 1999 (1)：65-69.

［4］　胡铁松，袁鹏，丁晶. 人工神经网络在水文水资源中的应用［J］. 水科学进展，1995，6（1）：76-82.

［5］　Hastie T J，Roosen C B. Automatic smoothing spline projection pursuit［J］. Journal of Computational and Graphical Statistics，1994，3（3）：235-248.

［6］　Hwang J N，Lay S R，Mächler M，et al. Regression modeling in back-propagation and projection pursuit learning［J］. IEEE Transactions on Neural Networks，1994，5（3）：342-353.

［7］　Hall P. On projection pursuit regression［J］. The Annals of Statistics，1989，17（2）：573-588.

［8］　Zhao Y，Atkeson C G. Implementing projection pursuit learning［J］. IEEE Transactions on Neural Networks，1996，7：362-373.

［9］　庄一鸽，林三益. 水文预报［M］. 北京：水利电力出版社，1984.

［10］　Miyoshi T，Nakao K，Ichihashi H，et al. Neuro-fuzzy projection pursuit regression［J］. IEEE Int Conf Neural Networks，1995（2）：266-270.

［11］　Brown M，Bossley K M，Mills D J，et al. High dimensional neurofuzzy systems：Overcoming the curse of dimensionality［J］. IEEE Int Conf Fuzzy Systems，1995：2139-2146.

［12］　赵振宇，徐用懋. 模糊理论和神经网络的基础与应用［M］. 北京：清华大学出版社，1996.

［13］　Couso I，Borgelt C，Hullermeier E，et al. Fuzzy sets in data analysis：From statistical foundations to machine learning［J］. IEEE Computational Intelligence Magazine，2019，14（1）：31-44.

［14］　Baser F，Demirhan H. A fuzzy regression with support vector machine approach to the estimation of horizontal global solar radiation［J］. Energy，2017，123：229-240.

［15］　Galeano P，Peña D，Tsay R S. Outlier detection in multivariate time series via projection pursuit［J］. Journal of the American Statistical Association，2006，101（474）：654-669.

投影寻踪函数型耦合学习

本章在多元函数型数据研究领域，针对高维函数型数据，引入投影寻踪方法处理高维数据的思维和策略，给出了投影寻踪函数型耦合学习方法，实现对高维函数型数据特征的投影寻踪降维挖掘。所取得的投影寻踪函数型耦合学习方法包括投影寻踪函数型主成分分析、投影寻踪函数型聚类分析、投影寻踪函数型回归分析和投影寻踪函数型检验。另外，还有针对函数型数据的异常值检验及分布检验方法。

6.1 函数型数据分析

随着实时数据采集能力的提升，对复杂系统运动过程的刻画不再是离散的点集，而越来越趋向于连续和动态的变化过程曲线，如河道流量数据、工厂生产线数据、实时车流量数据、股票交易实时数据、日气温数据和病人流数据等，这些数据具有某一连续时间区间内连续取值并带有函数特征的数据集合特点，称为函数型数据[1,2]。时间序列数据、截面数据和纵向数据都是函数型数据的一种形态。随着系统交叉和数据维度的增加，由多个函数型变量形成的高维函数型数据系统在自然与社会领域也更加普遍广泛，如气候变化下的经济发展、流量降水气温下的农业产量等。

Ramsey 提出了函数型数据分析（functional data analysis，FDA）的概念[3]，随后在统计学领域中不断发展研究，与传统统计方法相关联，形成了函数型统计分析系统方法，成为统计理论与方法研究的热点。函数型数据分析的特点在于将相对离散变量的样本数据用平滑函数进行总体刻画，能克服样本数据采集的噪声偏差、稀疏、异常、多维和采集间隔不均匀等复杂性；从变量总体的视角挖掘数据信息显性和潜在的规律，可以透过样本过程看总体结果。

针对高维函数型数据，引入投影寻踪思维方法形成了投影寻踪函数型数据分析方法[4]。投影寻踪函数型分析是函数型数据分析的高维情形，在投影寻踪学习算法的基础上，可以形成多个统计学习情形下的投影寻踪函数型耦合学习方法，满足高维函数型数据分析的需要，同时也促进了投影寻踪耦合理论的发展。

6.1.1 基本概念

假定 $\boldsymbol{X} = \{X(t), t \in [0, T]\}$ 是在 Hilbert 空间的 $[0, T]$ 区间的随机过程上取值，$\boldsymbol{X}$ 有 N 个独立样本过程 $\{X_1(t), \cdots, X_i(t), \cdots, X_N(t)\}$（$i = 1, \cdots, N$），每个样本过程 $X_i(t)$ 均服从统一模型，则 $\boldsymbol{X}$ 称为函数型变量。

离散观测数据 X_{ij} 是样本函数 $X_i(t)$ 在区间 $[0, T]$ 上的第 j 个样本值，$j = 1, \cdots, N_i$，X_{ij} 称为函数型数据，其中每个样本过程的样本个数 N_i 可以不同。函数型数据是在连续空间上的区间化取值，可以看成是一个相对独立又不断重复的过程，如图 6.1 中某大型医院的日门诊量，以一周的时间间隔，呈现出 7 天重复一次的周期规律。

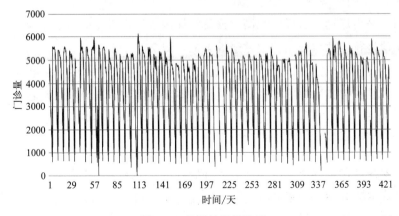

图 6.1 每周的日门诊量

函数型数据由取值区间 t、区间取值的样本个数 N_i 和独立过程 $X_i(t)$ 三要素共同定义。其与多变量时间序列的差异在于，函数型数据 $\boldsymbol{X}$ 是同一变量的不同连续过程。上述要素的变化使得函数型数据 $X(t)$ 具有以下的特点：

（1）根据独立过程样本数量的多少，函数型数据可以分为稠密与稀疏两种情形。函数型数据稠密是指区间样本数量 N_i 有足够大，使得某一区间的数据样本依靠自己就能实现非参数的曲线拟合；相反，函数型数据稀疏是指区间样本数量 N_i 不是足够大，仅借助自己区间的样本数据不能实现非参数的曲线拟合，而需借助其他区间段样本信息来共同完成曲线拟合。

（2）根据区间样本取值，函数型数据分为均衡取值和非均衡取值。函数型数据均衡取值是指在取值区间内各独立过程的样本数量相同，对任意 i，j，有 $N_i = N_j$；而函数型数据非均衡取值是指在取值区间内各独立过程的样本数量不同，即 $N_i \neq N_j$，每个独立过程有自己的样本量。

（3）函数型数据的无限维。由于 t 的区间会随着时间无限而具有无限性，因此函数型数据的独立过程有无限多个，称为函数型数据的无限维。

函数型数据分析的核心是由离散观测数据 X_{ij} 去重构隐含在函数型数据中的本征函数 $X_i(t)$。函数型数据重构或本征逼近可采用非参数数值方法和参数化模型逼近，其中前者可采用非参数插值计算或平滑计算两种数值逼近方式，后者包括多种平滑基函数形式，典型的有傅里叶函数和 B 样条函数等。下面详细介绍非参数计算法。

（1）插值逼近。若样本观测数据是本征函数的精确离散值，则可用样本插值计算本征函数型数据的真实值，即 $X_{ij} = X_i(t_{ij})$，$1 \leqslant i \leqslant N$，$1 \leqslant j \leqslant N_i$。$i$ 指区间，j 指区间内的样本个数。

（2）平滑逼近。若样本观测数据是本征函数的带误差的离散实现，则可用数据平滑进行函数型数据的偏差逼近本征，即 $X_{ij} = X_i(t_{ij}) + \varepsilon_{ij}$，$1 \leqslant i \leqslant N$，$1 \leqslant j \leqslant N_i$。平滑逼近相对于数值逼近而言，多了一个偏差项，是经常遇到的情形，如受测量技术等因素影响，使得样本观测值与本征函数之间存在误差。

6.1.2 函数型主成分

将多元主成分分析推广到函数型数据就形成了函数型主成分分析，这也是实现函数型数据降维的重要方法[5]。传统主成分分析的对象为多个标量个体，而函数型主成分分析则是针对多个函数型过程个体，分析的对象具有差异性。

由于函数型数据是由多个独立过程组成的相对平行结构，可以用若干个基本主过程表达这些本征特征在某一个时段上平行的过程，而这些基本主过程就称为函数型数据的主成分。换句话说，传统主成分分析是找到多个标量的若干主特征量，函数型主成分分析就是在多个函数型数据过程中找到若干个主特征函数型数据过程，是在数据过程中寻找主特征数据过程的分析方法。根据函数型数据特征可以找到多个函数型主成分，从而实现从多个（无限维）独立过程到几个主成分过程的降维计算。根据上述思维，函数型主成分分析的目标是找到 K 个基函数过程实现对无限维独立过程大部分信息的表达。

常用的降维方法有函数型数据的基展开，假设 X 服从高斯过程，采用 k 个主成分基对总体本征函数 $X(t)$ 进行解释。根据 Karhumen-Loeve 定理，函数型数据 $X_i(t)$ 用 K 个基函数展开后可得

$$X_i(t) = \mu_X(t) + \sum_{k=1}^{K} \xi_{ik} \phi_k(t) \tag{6.1}$$

式中，$\mu_X(t)$ 为函数型变量均值；$\xi_{ik} = \int [X_i(t) - \mu_X(t)] \phi_k(t) \mathrm{d}t$，为 $X_i(t)$ 的函数型主成分系数，ξ_{ik} 在 k 上不相关相互独立，且满足 $E(\xi_{ik}) = 0$，$E(\xi_{ik}^2) = \lambda_k$；$\phi_k(t)$ 为基（元）函数，函数类型可提前指定，如 B 样条函数，称为主成分基，k 为主成分个数。基函数由数据驱动的函数型拟合确定。

6.1.3　函数型聚类

将聚类方法推广到函数型数据分析的研究称为函数型聚类分析，是近年统计领域研究的热点[6]。函数型聚类的对象是若干个独立样本过程，核心目标是测度独立过程变量之间的距离关系，而不是两个标量样本之间的聚类。函数型过程类别的判断原则与一般聚类思想相同，即距离近则聚于同类，相反，距离远则不同类。因此，计算两个独立过程之间的距离以及给出判断远近的规则是函数型数据聚类测度的两个关键内容。

首先，鉴于函数型数据的逼近方式不同，有样本插值和总体本征函数逼近函数型变量的两种情形。两个独立过程之间的距离分别用过程距离测度和过程相似测度表示。定义过程距离测度为两个函数型样本数据之间的距离，定义过程相似性测度为过程相似大小的测度标准，通过距离测度及相似性测度两个指标就可以构造函数型数据聚类方法。在不同的逼近形式下存在两种聚类方式，定义两种聚类测度的基本思路分别如下：

（1）独立过程样本值的直接聚类法。由于实际过程观测值是本征函数在离散时间区间的具体取值，因此直接聚类法是以过程样本观测值为对象进行直接聚类分析。假设两个过程观测值是一一对应的，两个过程间的距离测度写成

$$d(X_i(t), X_l(t)) = \Big[\sum_{j=1}^{n} (X_{ij} - X_{lj})^p\Big]^{\frac{1}{p}} \tag{6.2}$$

式中，$X_i(t)$，$X_l(t)$ 表示两个独立过程；n 表示两个过程的样本个数。两个过程的距离等于两个过程内各样本点距离累计的 p 方。

（2）独立过程的平滑函数聚类法。当两个过程样本点间的样本点不能一一对应时，对过程 $X_i(t)(i=1,\cdots,n)$ 采用基函数进行本征函数的重构，那么两个函数型过程的距离测度就是指两个函数之间的相似度，可以用函数型过程的基函数展开系数 c_i、c_l 之间的相似性来计算。函数型距离测度用基函数系数定义写成

$$d(X_i(t), X_l(t)) = d(c_i, c_l) \tag{6.3}$$

此外，简单的聚类相似度规则如下：

若 $d(X_i(t), X_l(t)) \leqslant \varepsilon$，$i$，$l$ 过程属于同类；否则，i，l 过程不属于同类。

一般聚类思想均可以用于函数型数据的聚类研究，例如可以采用动态聚类的思想进行函数型过程的聚类分析。当函数型数据的维度为高维时，高维函数型聚类的对象是多个维度下的多个独立函数型过程，需要先进行函数型数据过程的投影降维，然后再进行聚类分析（称为投影寻踪函数型聚类分析），将多维函数型过程投影为一维空间过程，使得多维独立过程聚类转换成一维过程的聚类问题。

6.1.4　函数型回归

函数型数据的回归模型估计也是函数型数据分析的重要组成部分[7]。当自变量和因变量中某一个变量属于函数型数据变量时，此时的回归称为函数型数据回归。根据两类变量的函数型特点，可以有不同情形的回归方程。

（1）自变量与因变量均为函数型数据时，回归方程式为

$$Y(t) = \alpha_0(t) + \boldsymbol{\beta}_0^{\mathrm{T}} X(t) + \varepsilon(t) \tag{6.4}$$

式中，$\alpha_0(t)$ 是关于 t 的平滑函数；$\boldsymbol{\beta}_0$ 是固定而未知的回归系数矩阵；$\varepsilon(t)$ 是均值为零的高斯分布。有时也允许回归系数沿时间变化，即 $\boldsymbol{\beta}_0^{\mathrm{T}}(t)$，又

称为斜率函数。

（2）自变量为函数型数据，因变量是一维的标量数据，也是研究最为广泛的函数型回归分析。回归方程可以表示为

$$Y = \alpha + \int \beta(t) X(t) \mathrm{d}t + \varepsilon \tag{6.5}$$

式中，$X(t)$ 是函数型自变量；Y 是一维随机标量；α、β 分别是未知的截距项和斜率函数；ε 是零均值误差项。根据式（6.5）可定义一个内积式，见式（6.6）。内积概念在函数型分析中是十分重要的，通过一个内积函数将函数型数据转换为一个标量，可以使得函数型数据的回归分析回到标量映射标量的一般情形。

$$\langle \boldsymbol{\beta}, \boldsymbol{X} \rangle = \int \beta(t) X(t) \mathrm{d}t \tag{6.6}$$

6.2 投影寻踪函数型主成分

6.2.1 基本原理

投影寻踪在本质上也是一种主成分分析，它们都是高维数据降维的有效方法。主成分方法是找到几个主成分实现对高维数据的降维，而投影寻踪方法是找到最大散布的有趣投影方向实现降维，因此投影方向可以说就是主成分，有几个投影方向就表示有几个主成分来挖掘高维数据的特征。

根据 Chen 的研究 $\hat{a} = \mathrm{argmax} s_n(\boldsymbol{a} x_1, \cdots, \boldsymbol{a} x_n)$，$\{\boldsymbol{a} \in \mathbf{R}^d : \boldsymbol{a}^{\mathrm{T}} \boldsymbol{a} = 1\}$，Bali 给出了投影寻踪函数型主成分分析方法[8,9]。投影寻踪函数型主成分方法的关键是定义能找到多个投影方向亦即主成分的估计器。假设存在 k 个投影主成分 $\boldsymbol{A}_k$，主成分投影为 $\boldsymbol{Z}_k$，对于 p 维样本 $\boldsymbol{X}_p$，则有 $\boldsymbol{Z}_k = \boldsymbol{A}_k \boldsymbol{X}_p$。写成样本形式为

$$\begin{bmatrix} z_{11} & \cdots & z_{1n} \\ \cdots & \cdots & \cdots \\ z_{k1} & \cdots & z_{kn} \end{bmatrix} = \begin{bmatrix} a_{11} & \cdots & a_{1p} \\ \cdots & \cdots & \cdots \\ a_{k1} & \cdots & a_{kp} \end{bmatrix} \begin{bmatrix} x_{11} & \cdots & x_{1n} \\ \cdots & \cdots & \cdots \\ x_{p1} & \cdots & x_{pn} \end{bmatrix}$$

当 $\boldsymbol{X}_p$ 为函数型变量时，定义 $\langle \boldsymbol{\theta}_j, \boldsymbol{X} \rangle = \boldsymbol{A}_j \langle \boldsymbol{B}_j, \boldsymbol{X} \rangle$，$\boldsymbol{B}_j$ 为平滑函

数，令 $U(t)=\langle B,X(t)\rangle$，则 $Z(t)=AU(t)=A\langle B,X(t)\rangle$。投影值的方差上界达到最大取得第一主成分，投影值方差计算如式（6.7）所示。

$$\text{var}(Z_1)=\sup_{\langle a:\|a\|=1\rangle}\text{var}(\langle \theta,X\rangle) \tag{6.7}$$

在正交条件下，即 $\langle a_j,a_k\rangle=0$，$j<k$，可以获得其他主成分投影。

根据函数型数据的特点，投影寻踪函数型主成分分析分为离散型和连续型；前者直接用变量值进行参数估计，后者则可用平滑函数内积代替原始变量值进行估计。将式（6.7）的稳健主成分寻优与平滑函数结合可构造投影寻踪函数型主成分。

在主成分分析中为了测度增加的主成分的敏感性，就引入了影响函数的概念来测量和评估方法的稳健性和收敛性[10]。影响函数是用来衡量样本对模型参数的影响程度，是样本重要性的一个测度。由于改变一个样本权重往往需要重新训练模型来估计损失函数的值，因此需要耗费大量的计算时间和计算资源。为了提高对模型的评估效率，提出了在不改变模型基本情况下能近似度量样本对模型影响重要性结果的影响函数。

令 $L(Z,\theta)$ 表示样本 Z 在参数 θ 下的损失函数，则样本累积损失可以简单定义为

$$R(\theta)=\frac{1}{k}\sum_{i=1}^{k}L(Z_i,\theta)$$

根据损失最小原则，得到 θ 的估计为

$$\hat{\theta}=\underset{\theta}{\text{argmin}}\frac{1}{k}\sum_{i=1}^{k}L(Z_i,\theta)$$

当增加一个主成分 Z 时，损失函数发生加权改变，假设权重为 ϵ，此时新的参数估计为

$$\hat{\theta}_{\epsilon,z}=\underset{\theta}{\text{argmin}}\left[\frac{1}{k}\sum_{i=1}^{k}L(Z_i,\theta)+\in L(Z,\theta)\right]$$

根据增加新的主成分带来的模型参数的变化关系，可以定义影响函数为式（6.8），一阶导数为零时参数优化。

$$I=\frac{\mathrm{d}\hat{\theta}_{\epsilon,z}}{\mathrm{d}\in}\bigg|_{\in=0} \tag{6.8}$$

6.2.2 基本模型

根据投影寻踪函数型主成分的工作原理，设计一个 4 层的神经网络进行主

成分降维发现，在每一层都要完成一组参数的学习，最后一层用损失函数作为优化目标来确定主成分的个数参数，当主成分增加至不再改变损失函数的目标值时，则停止投影方向（即主成分）寻找。采用前述定义变量设计的投影寻踪函数型主成分耦合学习网络如图 6.2 所示。

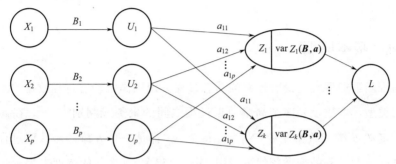

图 6.2　投影寻踪函数型主成分耦合学习网络

6.2.3　学习流程

根据方法原理和学习网络框架可知，实现投影寻踪函数型主成分分析的学习流程包括 3 大模块：标量化＋主成分优化＋主成分个数优化。依然采用遗传算法来优化每一个主成分投影方向参数，整个学习流程模块之间的关系如下：

(1) $\hat{B}_j \sim X$ //对 X 的样条函数逼近 B_j；

(2) For $i = i + 1$ //主成分计数；

(3) Random(a) //随机生成初始投影方向参数；

(4) $\langle \theta_j, X \rangle = A_j \langle B_j, X \rangle$ //函数型变量的标量化投影；

(5) Var$Z_i(B, a)$ //主成分估计器；

(6) $f_i(A_i)$ //计算遗传适应度函数 $\dfrac{1}{f^2}$；

(7) A_j^* $\begin{cases} 选择 \\ 交叉 \\ 变异 \\ 遗传 \end{cases}$

(8) L_i //计算第 i 个主成分的损失函数值；

(9) $L_i < \varepsilon\varepsilon$ //判断收敛，否则回到(2)；

(10) 输出 B_p, A_k。

6.3　投影寻踪函数型聚类

6.3.1　基本原理

高维函数型聚类是沿着连续的动态过程去识别高维动态过程数据的不同或者相同类型，本质上是多个高维数据过程之间的聚类或判别[11,12]。在高维情形下，定义 p 维函数型变量 $[X_{pi}]$，每个 X_i 都是一个 p 维的函数型过程，两个高维函数型过程的聚类依然可以用 $[X_{pi}]$ 与 $[X_{pj}]$ 之间的测度来表示；当过程距离小于某个定值 ε 时，则两个过程属于同类，否则不属于一类。定义第 i 个高维过程与第 j 个高维过程之间的过程距离为

$$[D_{ji}] = [X_{pj}] - [X_{pi}]$$

对于高维过程的聚类，可以用投影寻踪函数型聚类分析方法。其基本思想是将高维情形下的函数型数据、聚类分析与线性投影进行有机耦合，实现高维函数型聚类。下面介绍两种耦合路径。

路径一，先距离再标量再投影。分别计算各过程的距离矩阵→将高维距离过程标量化→对比量化距离进行一维线性投影→计算过程距离→进行一维聚类。此途径是以高维函数型过程的距离为对象进行投影寻踪聚类分析，先分别计算函数型距离，然后再标量化投影聚类。其中过程距离矩阵 $\boldsymbol{D}$ 可以采用本征函数的贴近度计算[式(6.1)]，也可以采用样本数据距离累计的 p 方计算[式(6.2)]。

路径二，先标量再距离再投影。将高维函数型过程标量化→线性投影聚类→投影聚类指标。这种路径是直接以函数型数据过程为对象进行投影寻踪聚类分析，先对函数型数据进行去函数化的运算，然后再采用投影寻踪聚类方法进行高维聚类，整个计算过程能适应表达本征函数特征的高维函数型数据的计算要求。

无论何种路径都是在函数型数据标量化基础上的投影寻踪聚类分析。定义函数型数据的投影方向参数为 $\boldsymbol{\gamma} = \{\gamma_k, k = 1, \cdots, p\}$，高维函数 $\boldsymbol{B} = \{\beta_k, k = 1, \cdots, p\}$，$\boldsymbol{X}$ 的维度内积

$$U = \langle \boldsymbol{B}, \boldsymbol{X} \rangle = \left[\int \beta(t) X(t) \mathrm{d}t \right]_{p \times N} \tag{6.9}$$

式中，N 表示全过程中子过程的数量；t 表示一个子过程时段。该式将高维函数型过程转换为了高维标量矩阵，此时，定义标量矩阵的投影矩阵为行向量

$$\boldsymbol{Z} = \boldsymbol{\gamma} \boldsymbol{U}$$

以 $\boldsymbol{\gamma}$ 代替投影方向参数 $\boldsymbol{a}$，回到一维投影下的聚类问题，同样可以定义投影指标 $Q = f(\boldsymbol{Z})$，寻找最佳的投影 $\boldsymbol{\gamma}$ 则是使得式（6.10）成立。

$$\begin{cases} \min_{\boldsymbol{\gamma}} Q(\boldsymbol{\gamma}, \boldsymbol{B}) \\ \|\boldsymbol{\gamma}\| = 1 \end{cases} \tag{6.10}$$

相较于传统投影寻踪聚类分析，函数型聚类多了一个函数型过程的标量转化。

6.3.2 基本模型

采用路径二给出的网络模型形式如图 6.3 所示。

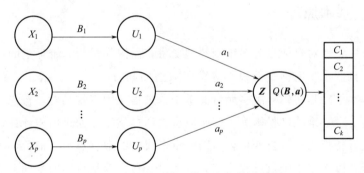

图 6.3　投影寻踪函数型聚类学习网络

图 6.3 中，X_p 表示 p 维函数型变量；B_p 是将函数型变量 X_p 转换为标量 U_p 的函数；a_p 为模型投影方向；C_k 表示聚类结果，k 表示聚类数量，为模型超参数，可采用影响函数法优化。

6.3.3 学习流程

采用第 4 章的投影寻踪聚类指标，根据路径二给出的学习流程如下：

$$
\begin{cases}
(1)\hat{B}_j \sim X // 对\ X\ 的样条函数逼近\ B_j; \\
(2)\mathrm{Random}(a) // 随机生成初始投影方向参数; \\
(3)\langle \theta_j, X \rangle = A_j \langle B_j, X \rangle // 函数型变量的标量化投影; \\
(4)Q(s(a), d(a)) // 投影寻踪聚类指标; \\
(5)f_j(A_j) // 计算遗传适应度函数\ \dfrac{1}{f^2}; \\
(6)A_j^* \begin{cases} 选择 \\ 交叉 \\ 变异 \\ 遗传 \end{cases} \\
(7)f < \varepsilon // 收敛判断。
\end{cases}
$$

6.4　投影寻踪函数型回归

6.4.1　基本原理

本节主要针对自变量为多维函数型变量，而因变量为一维标量的情形，讨论函数型自变量映射标量的投影寻踪函数型回归方法[13-16]。投影寻踪函数型回归的基本思路是将每一组多元自变量函数过程与因变量结对，首先，将高维函数型自变量一维线性投影为一维函数型数据；然后，通过内积计算将新的函数型自变量转换为标量自变量，与因变量形成新的数据点对；最后，进行一维回归分析。以无限维随机过程为多元自变量，在自变量投影的基础上进行低维投影过程的岭函数可加拟合，形成函数型投影寻踪回归。函数型投影寻踪回归是最佳投影与最佳拟合耦合的结果，其基本原理等同于投影寻踪回归。高维变量下的条件最小平均方差估计 MAVE 为

$$
\mathbb{E}(Y \mid X) = r(AX) \tag{6.11}
$$

式中，符号意义同前。

在函数型数据分析中，假设 $X(T) \in \mathbf{R}^p$ 为函数型自变量，有 p 个变量，是 T 上的一个过程，$X_{ij} = X_i(T_{ij}) \in \mathbf{R}^p (i = 1, \cdots, n; j = 1, \cdots, N_i)$，表示在第 i 个子过程的第 j 个样本值；$Y(T)$ 是随机因变量，是在 T 上的一个过程，

同理，$Y_{ij} = Y_i (T_{ij})$。由于 X 为函数型变量，定义 $U(t) = \langle \boldsymbol{\theta}, X(t) \rangle$，代替式 (6.11) 中的 X。当考虑估计误差项时，根据式 (6.11)，有函数型数据的 MAVE 回归估计方程

$$\mathbb{E}(Y(t)|U(t)) = r(t, AU(t)) \tag{6.12}$$

考虑估计的误差项，有估计式

$$Y = r[t, AU(t)] + \varepsilon(t, U(t)) \tag{6.13}$$

式中，r 为回归函数；ε 为均值为零的任意小的数。也可以写成内积形式

$$Y = r[t, A\langle \boldsymbol{\theta}, X(t) \rangle] + \varepsilon(t, \langle \boldsymbol{\theta}, X(t) \rangle) \tag{6.14}$$

令 $Z = AU$，在函数型情形下回归变量 Y 的估计就回到了两维散布点 (T, Z) 的平滑上，依然可基于投影寻踪回归的思路，采用多个岭函数的和逼近初始的回归函数 $r[T, X]$，如式 (6.15) 所示。

$$\hat{r}[T, X] = \sum_{j=1}^{m} g_j(T, Z_j) = \sum_{j=1}^{m} g_j(T, A_j U) = \sum_{j=1}^{m} g_j(T, A_j \langle \boldsymbol{\theta}_j, X \rangle)$$

$$\tag{6.15}$$

式 (6.15) 称为投影寻踪函数型回归学习方程，简写为 PPFRL(A, θ, g)。投影寻踪函数型回归学习的建模目标是找到最佳的 A、$\boldsymbol{\theta}$ 和 g。其岭函数的逼近依然可以采用核函数或者多项式函数等。

投影寻踪函数型回归学习的本质是先在子过程纵向回归耦合，再横向投影加权耦合，再低维纵向回归耦合，该方法依次采用纵向、横向再纵向耦合的方式实现了对高维与动态数据的探索性数据分析。

投影寻踪函数型回归学习与投影寻踪回归的方法比较具有如下特点：

相同之处在于：①都是处理高维复杂数据的投影问题，都采用投影向量 A 进行降维；②都可以采用岭函数回归的形式逼近低维数据点对。

不同之处在于：①岭函数回归中，投影寻踪回归是自变量的投影加和，即 $Z = AX$，而函数型投影寻踪回归则是自变量内积，即 $Z(t) = AU(t) = A\langle \boldsymbol{\theta}_j, X(t) \rangle$；②岭函数回归中，函数型投影寻踪回归是以时间 T 代替投影寻踪回归的样本编号，构成时间序列的点对进行回归估计，体现了纵向的动态性。

6.4.2　模型构建

依然可以采用残差拟合策略来优化模型参数，写成投影寻踪岭函数逼近形

式的因变量估计方程如式(6.16) 所示。

$$\hat{Y} = \sum_{j=1}^{m} \hat{g}_{j}^{*}(T, \boldsymbol{A}\langle \boldsymbol{\theta}_{j}^{*}, \boldsymbol{X}\rangle) + \hat{\varepsilon}_{m, \theta_m} \tag{6.16}$$

寻找 m 个最优的 $\boldsymbol{\theta}_{j}^{*}$ 和 g_{j}^{*} 是投影寻踪函数型回归学习的关键，可以写成最优化指标式

$$\min_{g} \min_{\|\boldsymbol{\theta}\|^2=1} \mathbb{E}[Y - g(T, \boldsymbol{A}\langle \boldsymbol{\theta}, \boldsymbol{X}\rangle)] \tag{6.17}$$

而对于每一个最优的 A_{j}^{*}，都是每一次回归后的残差最优的贪婪策略结果，如式(6.18) 所示。

$$\min_{\|\theta\|^2=1} \mathbb{E}\{Y - \mathbb{E}[Y | g_{j-1}(T, A_{j-1}\langle \boldsymbol{\theta}_{j-1}^{*}, \boldsymbol{X}\rangle)]\} \tag{6.18}$$

每一个 g_{j}^{*} 是在每个最优投影方向函数 A_{j}^{*} 的投影值 Z 下的拟合最优结果，如式(6.19) 所示。

$$g_{j}^{*}(U) = \mathbb{E}[Y | (T, Z_j)] = \mathbb{E}[Y | (T, A_j U_j)] = \mathbb{E}[Y | (T, A_j\langle \boldsymbol{\theta}_{j}^{*}, \boldsymbol{X}\rangle)] \tag{6.19}$$

其中，$\hat{Y}$ 与 g_{j}^{*} 之间存在一个偏差项 ε_{j}^{*}，见公式(6.20)。

$$\varepsilon_{j}^{*} = Y - \sum_{i=1}^{j-1} g_{i}^{*}(T, A_{i}^{*}\langle \boldsymbol{\theta}_{i}^{*}, \boldsymbol{X}\rangle) \tag{6.20}$$

因此，每一个最优的 A_{j}^{*} 就是使得每次的偏差项 ε_{j}^{*} 最小，写成

$$\min_{\|\boldsymbol{\theta}_j\|^2=1} \mathbb{E}[\varepsilon_{j}^{*} - \mathbb{E}(\varepsilon_{j}^{*} | A_{j}^{*}\langle \boldsymbol{\theta}_j, \boldsymbol{X}\rangle)] \tag{6.21}$$

则第 j 个最优的岭函数为最优投影方向下的前 $j-1$ 个神经元拟合后的残差贪婪估计结果，写成

$$g_{j}^{*}(U) = \mathbb{E}(\varepsilon_j | \langle \boldsymbol{\theta}_{j}^{*}, \boldsymbol{X}\rangle = U) \tag{6.22}$$

根据模型优化原理，并基于投影寻踪函数型回归与投影寻踪回归的基本差异，将投影寻踪回归学习网络结构进行修改后可以给出投影寻踪函数型回归学习的网络结构，见图 6.4。

图 6.4 中，$\boldsymbol{X}$ 表示函数型变量；$\hat{Y}_m$ 表示标量输出；θ_m 是将函数型变量 $\boldsymbol{X}$ 转换为标量 U_m 的投影方向函数；m 表示隐层神经元的个数，为模型超参数，可通过影响函数优化确定。

上述投影寻踪函数型回归学习网络的实现过程有两大关键模块：首先是神经元岭函数 g 的拟逼近优化；其次是最佳投影方向函数 $\boldsymbol{A}$ 的优化。对每一次一维线性或非线性的回归拟合 g，可采用多种形式的拟合函数，如第 5 章给出

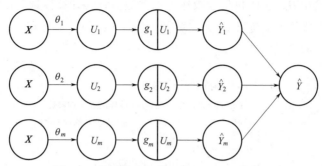

图 6.4　投影寻踪函数型回归学习网络结构

的多项式形式等。投影寻踪函数型回归学习建模的关键也在于投影方向函数 A_j^* 的优化。

依然可以采用 Hermite 多项式拟合的形式，借用第 5 章所定义的变量及参数，以内积代替线性投影值，则多项式拟合神经元岭函数的形式为

$$h_r(T,\langle \boldsymbol{\theta}_j,\boldsymbol{X}\rangle)=(r!)^{-\frac{1}{2}}\pi^{\frac{1}{4}}2^{-\frac{r-1}{2}}H_r(T,\langle \boldsymbol{\theta}_j,\boldsymbol{X}\rangle)\varphi(T,\langle \boldsymbol{\theta}_j,\boldsymbol{X}\rangle)$$

$$(6.23)$$

也可以采用核回归，如式（6.24）所示。

$$g_j=\frac{\sum_{i=1}^{n}\widehat{\varepsilon}_{j-1,i}K_j\left(\dfrac{u-A_j\langle \boldsymbol{\theta}_j,\boldsymbol{X}_i\rangle}{h_j}\right)}{\sum_{i=1}^{n}K_j\left(\dfrac{u-A_j\langle \boldsymbol{\theta}_j,\boldsymbol{X}_i\rangle}{h_j}\right)}$$

$$(6.24)$$

式中，K_j 为核函数；h_j 为与 n 相关的平滑参数；而每次贪婪优化后的残差写成

$$\varepsilon_{j,i}=Y_i-\sum_{s=1}^{j}\widehat{g}_s(T,A_j\langle \boldsymbol{\theta}_s,\boldsymbol{X}_i\rangle)$$

$$(6.25)$$

在函数型变量中，$\boldsymbol{\theta}$ 可以表示为样条函数加权形式，写成

$$\theta_j\sim B_{d_j,N_j}(t)$$

$$(6.26)$$

式中，$B_{d_j,N_j}(t)$ 为参数 (d,N) 下的样条函数，通过对函数型变量 $X(t)$ 的最佳逼近实现对样条函数估计，即 $B_{d_j,N_j}(t)=\mathbb{E}(B|X)$。

6.4.3　学习流程

根据投影寻踪函数型回归原理及模型构建关键技术可知，投影寻踪函数型回归学习的实现采用交替优化迭代的策略，每一次优化迭代包括 7 大模块：

①样条函数优化 B；②随机生成投影方向参数 A；③计算标量 U；④岭函数逼近优化 g；⑤遗传适应度计算 f；⑥遗传优化 A；⑦残差计算 ε。其整体学习流程如图 6.5 所示。

$$
A_j \begin{cases}
(1)\ B_j\ \{\hat{B}_j \sim X\ /\!/\ \text{对}X\text{的样条函数逼近；} \\[4pt]
A_j \begin{cases}
(2)\ A_{j0}\ \{\text{Random}(a)\ /\!/\ \text{随机生成初始投影方向参数；} \\[4pt]
(3)\ U_j\ \{\langle\theta_j, X\rangle = A_j\langle B_j, X\rangle\ /\!/\ \text{函数型变量的标量化；} \\[4pt]
(4)\ g_j(T, A_j, U_j) \begin{cases} \hat{g}_j \sim \varepsilon_j \\ \text{Hermit多项式逼近} \end{cases} \\[10pt]
(5)\ f_j(A_j, g_j)\ /\!/\ \text{计算遗传适应度函数}\dfrac{1}{f^2}; \\[6pt]
(6)\ A_j^* \begin{cases} \text{选择} \\ \text{交叉} \\ \text{变异} \\ \text{遗传} \end{cases}
\end{cases} \\[20pt]
(7)\ \varepsilon_{j+1}\ \{\varepsilon_{j+1} = Y - \varepsilon_j\ /\!/\ \text{计算第}j+1\text{个神经元拟合残差。}
\end{cases}
$$

图 6.5   投影寻踪函数型回归学习技术路线

投影寻踪函数型学习过程是一个多模块耦合的过程，每一个模块均是已有相关学习方法基础上的再实现，这些模块横向和纵向的耦合集成就可以创造新的方法来实现数据挖掘的需求。从模块化到耦合集成的路径也提高了新方法处理复杂系统的能力。

投影寻踪函数型回归学习与投影寻踪回归耦合学习的相同之处在于依然采用残差拟合、一维回归和贪婪收敛的学习策略。投影寻踪函数型回归与投影寻踪回归的不同之处在于前者是在一个标量转化后的投影方向参数的学习，简单说就是多了一个函数拟合转化的学习过程。

6.5　投影寻踪函数型检验

6.5.1　正态检验

6.5.1.1　基本原理

统计分析中正态性假设占有重要的地位，是诸多统计分析方法的基础，因此对数据的正态性假设进行检验是开展数据统计分析的前提。正态性检验可以采用雅克-贝拉 JB 拟合优度检验。由于正态分布的偏度=0，峰度=3，该方法通过偏度 S 和峰度 K 来构造 JB 统计量，以此来检验样本数据是否来自正态总体，形成了根据偏度和峰度构造新统计量进行分布检验的拟合优度检验方法。当样本数据来自具有正态分布的总体时，JB 统计量为非负值，近似服从自由度为 2 的卡方分布，见式(6.27)。

$$\mathrm{JB} = \frac{S^2}{\frac{6}{n}} + \frac{(K-3)^2}{\frac{24}{n}} \sim \chi^2(2) \tag{6.27}$$

对函数型变量 $\boldsymbol{X}$ 有原假设：

H_0：$\boldsymbol{X}$ 是在 $L^2([0,1],\mathbf{R})$ 空间的高斯过程。

在函数型分析中，也可以写成本征函数的形式：

H_0：对于每一个非零的 $\boldsymbol{\theta} \in L^2([0,1],\mathbf{R})$，标量化随机变量 $\langle \boldsymbol{\theta}, \boldsymbol{X} \rangle$ 是高斯分布的。

由于正态分布的偏度为 0，峰度为 3，因此原假设 H_0 成立的检验条件是偏度为 0，峰度为 3。从 JB 统计量可以发现，任何对正态（偏度为 0，峰度为 3）的偏离分布都会使得 JB 统计量增加，如果数据远离零，则为非正态分布。

在高维函数型分布情形下，可以采用二阶矩或三阶矩写成函数型数据的内积形式[17]。三阶矩偏度

$$S_n(\boldsymbol{\theta}) = \frac{1}{n^2 \hat{\sigma}^6(\boldsymbol{\theta})} \Big[\sum_{i=1}^{n} (\langle X_i, \boldsymbol{\theta} \rangle - \langle \overline{X}, \boldsymbol{\theta} \rangle)^3 \Big]^2 \tag{6.28}$$

四阶矩峰度

$$K_n(\boldsymbol{\theta}) = \Big| \frac{1}{n \hat{\sigma}^4(\boldsymbol{\theta})} \sum_{i=1}^{n} (\langle X_i, \boldsymbol{\theta} \rangle - \langle \overline{X}, \boldsymbol{\theta} \rangle)^4 - 3 \Big| \tag{6.29}$$

式中，$\overline{X}$ 为 X_i 的样本均值和方差；$\hat{\sigma}$ 为内积标量 $\langle X_i, \boldsymbol{\theta} \rangle$ 的方差；在高维情形下有 $\boldsymbol{\theta} \sim \boldsymbol{\gamma}^{\mathrm{T}} B_{\mathrm{d,N}}(t)$。定义 $\|\boldsymbol{\theta}\| = 1$，偏度与峰度的上界 $\sup S_n(\boldsymbol{\theta})$，$\sup K_n(\boldsymbol{\theta})$。

投影寻踪的目标是找到 X 的最小高斯方向，换句话说就是找到偏度与峰度的上界最大的投影方向，计算检验统计量 JB，进行高维正态性检验。若在最小高斯的投影方向下，高维函数型变量通过假设检验，则样本总体服从高维正态分布。

投影寻踪函数型正态检验是通过寻找最佳的投影方向再根据计算的检验统

计量进行函数型数据正态性检验的方法。该方法巧妙地利用了最佳投影的判别标准与检验假设的一致性转换，通过统计量上界，即最佳投影，确保实现检验的完备性。

6.5.1.2　学习流程

借用函数型数据分析的思想，投影寻踪函数型正态检验的学习过程可表示为：先标量化→再投影→最后进行 JB 统计量检验。具体表示如下：

$$
高维正态性检验\begin{cases}
(1)U=\langle B,X\rangle//函数型变量的标量化；\\
(2)Z=\gamma^{\mathrm{T}}U//进行线性投影；\\
(3)S_n(\theta),K_n(\theta)//计算三阶矩和四阶矩；\\
(4)\mathrm{Sup}S_n(\theta),\mathrm{Sup}K_n(\theta)//计算上界；\\
(5)\mathrm{JB}(\mathrm{Sup}S_n(\theta),\mathrm{Sup}K_n(\theta))//计算检验统计量；\\
(6)\mathrm{JB}\sim\chi^2(2)//卡方检验。
\end{cases}
$$

在上述学习流程中，对于（2）投影方向的优化，采用远离高斯分布的优化目标，因此使得 $K_n(\boldsymbol{\theta})$ 远离 3，而 $S_n(\boldsymbol{\theta})$ 远离零的投影方向就是最优投影方向。以此构造遗传适应函数，依然可以采用第 3 章的投影寻踪遗传算法完成投影方向参数的优化。

6.5.2　异常值检验

6.5.2.1　基本原理

异常值具有特殊的统计学意义，是统计分析中的重要研究对象。异常值检验也是统计数据分析的第一步，不仅有利于排除非一致干扰项，也有利于观察误差外的一些潜在特别问题。

定义 p 维函数型变量 $[X_{pi}]$，每个 X_i 都是一个函数型过程，高维函数型数据离群样本定义为 $[X_{pi}^*]$，当在现有样本中增加这个新的 p 维函数型过程后，现有新样本总体 $[X_{pi},X_{pi}^*]$ 较原有样本总体 $[X_{pi}]$ 的统计量具有统计检验的差异性。如果采用均值检验对函数型变量 X 有原假设：

H_0：X 是在 $L^2([0,1],\mathbf{R})$ 空间的高斯过程，X_n 与 X_{n+1} 具有差异性。

在函数型分析中，也可以写成本征函数的形式：

H_0：对于每一个非零的 $\boldsymbol{\theta}\in L^2([0,1],\mathbf{R})$，标量化随机变量，$\langle\boldsymbol{\theta},X_n\rangle$ 与 $\langle\boldsymbol{\theta},X_{n+1}\rangle$ 是具有差异性的。

函数型数据的离群点检测类似于判别问题，可以采用先标量化再进行投影然后检验的思想完成函数型变量的离群点检测[18]。一维标量下的异常检验方法有很多，如密度法、四分位数法、回归法和图形观察法等。

6.5.2.2　学习流程

异常值检验是在函数型过程动态过程中对新加入的过程进行循环检验的过程，也就是说每加入一个新的过程就进行一次异常检验。以 TS 表示检验统计量，学习流程如下：

$$高维离群点检验\begin{cases}(1)U_{n+1}=\langle B,X\rangle//高维函数型变量的标量化；\\(2)Z_{n+1}=\gamma^{\mathrm{T}}U//进行线性投影；\\(3)\mathrm{TS}_n(\gamma),\mathrm{TS}_{n+1}(\gamma)//分别计算两类统计量；\\(4)\mathrm{TS}\in 某置信区间//假设检验判定。\end{cases}$$

在上述学习流程中，找到（2）中的最佳投影方向是模型得以实现的关键。根据最佳投影方向的确定原则峰度最大即最大高斯变异性，因此以峰度即四阶矩指标构造遗传适应函数，依然可以采用第 3 章的投影寻踪遗传算法完成投影方向参数的优化。

6.6　本章小结

函数型数据分析是探索性数据分析的新领域，也是高维时间序列数据的耦合研究新领域，本章借助多元数据分析方法的耦合研究，如主成分、时间序列和多元回归等方法，对于函数型数据变量的高维情形，也运用投影寻踪耦合的思路开展函数型高维数据的探索性研究，开辟了高维函数型数据研究的新路径。本章提出的基本耦合思路可以总结为两个阶段，即转换与投影。首先通过平滑函数将函数型变量转换为标量，然后对标量进行投影学习。前者可用经典函数型数据分析方法实现，后者则可接续变换为投影寻踪耦合学习的多种形式。本章给出的投影寻踪函数型数据分析方法不仅包括主成分、回归拟合和聚类判别等，还包括离群点检测、统计分布检验等多元统计检验方向，主要方法有投影寻踪函数型主成分、投影寻踪函数型聚类、投影寻踪函数型回归、投影寻踪函数型正态检验的各类方法。可基于本章的研究方法开拓相关应用领域，通过解决现实问题的现实应用来反馈发展高维函数型数据分析的理论方法，用于自变量为函数型变量，因变量为标量的数据挖掘。

投影寻踪函数型耦合学习分析充分体现了从模块到集成的时空耦合的实现过程，为处理复杂系统的数据挖掘提供了新方法，但投影寻踪函数型分析涉及投影寻踪、智能优化算法、函数型分析和一般统计方法等多个领域，具有一定的复杂性。当然本章重点给出了思路、框架及方向，理论工作和转化为生产力的工作都有待进一步深入研究。

参考文献

[1] 王德青，刘晓葳，朱建平，等 . 函数型数据聚类分析研究综述与展望 [J]. 数理统计与管理，2018，37（1）：51-63.

[2] 丁辉，许文超，朱汉兵，等 . 函数型数据回归分析综述 [J]. 应用概率统计，2018，34（6）：630-654.

[3] Ramsay J O，Silverman B W. Applied Functional Data Analysis：Methods and Case Studies [J]. Springer，2002.

[4] Lin D Y，Ying Z. Semiparametric and nonparametric regression analysis of longitudinal data [J]. Journal of the American Statistical Association，2001，96：103-113.

[5] Wang J L，Chiou J M，Müller H G. Functional data analysis [J]. Annual Review of Statistics and Its Application，2016，3（1）：257-295.

[6] Zhong Q，Lin H，Li Y. Cluster non-Gaussian functional data [J]. Biometrics，2021，77（3）：852-865.

[7] Chagny G，Roche A. Adaptive estimation in the functional nonparametric regression model [J]. Journal of Multivariate Analysis，2016，146：105-118.

[8] Bali J L，Boente G，Tyler D E，et al. Robust functional principal components：A projection-pursuit approach [J]. The Annals of Statistics，2011，39（6）：2852-2882.

[9] Bali J L，Boente G. Influence function of projection-pursuit principal components for functional data [J]. Journal of Multivariate Analysis，2015，133：173-199.

[10] https：//blog. csdn. net/shuaibuzhi1mian/article/details/126726015.

[11] Huang H H，Zhang T. Robust discriminant analysis using multi-directional projection pursuit [J]. Pattern Recognition Letters，2020，138：651-656.

[12] Jacques J，Preda C. Functional data clustering：A survey [J]. Advances in Data Analysis and Classification，Springer Verlag，2014，8（3）：24.

[13] James G M，Silverman B W. Functional adaptive model estimation [J]. Journal of the American

Statistical Association, 2005, 100 (470): 565-576.

[14] Ferraty F, Goia A, Salinelli E, et al. Functional projection pursuit regression [J]. Test, 2012, 22 (2): 293-320.

[15] Hyndman R J, Ullah M S. Robust forecasting of mortality and fertility rates: A functional data approach [J]. Working Paper, 2007, 5 (10): 4942-4956.

[16] Jiang C R, Wang J L. Functional single index models for longitudinal data [J]. The Annals of Statistics, 2011, 39 (1): 362-388.

[17] Kolkiewicz A, Rice G, Xie Y. Projection pursuit based tests of normality with functional data [J]. Journal of Statistical Planning and Inference, 2021, 211: 326-339.

[18] Arribas-Gil A, Romo J. Shape outlier detection and visualization for functional data: The outlier gram [J]. Biostatistics, 2014, 15 (4): 603-619.

第 7 章

投影寻踪耦合学习评价

本章内容重点是投影寻踪耦合学习方法在综合评价中的应用，采用的基本思路是在分析评价原理的基础上，将评价问题转换成投影寻踪耦合学习思想的对应形式，再用投影寻踪耦合学习方法完成综合评价建模，实现数据驱动的多属性高维综合评价研究，主要给出无监督客观综合评价方法。

7.1 综合评价原理

综合评价（comprehensive evaluation，CE），也叫多指标综合评价，是使用系统的、规范的方法对多个属性事物对象客体进行整体评价的过程。综合评价的事物对象客体为经济、社会或自然事物系统，目的是综合评定事物系统实现评价主体目标的效果、效率、效益和效用能力，如投资盈利能力、风险减轻能力和生态环境能力等。综合评价的基本思路是根据相关评价主体的多元化系统目标，如经济、技术、社会和生态等，建立一个能反映目标特征的多元属性指标体系，如经济目标下盈利性、技术目标下可靠性、环境目标下规制性等，利用定量方法，在数据资料搜集的基础上，基于评价属性的目标标准，对被评价事物客体状态作出定量化的总体判断。由于自然及社会系统具有多属性的复杂性，系统状态又受多个行为主体或者自然客体特征的综合影响，对系统状态的识别与认知属于多属性的综合评价问题，即考虑系统多属性维度和各属性下多个指标状态的系统综合特征效用。综合评价是认识论和判断论的重要组成部分，前者识别事物评价目标是什么，后者判断事物达成目标的效果如何。综合评价的结果可为主体的行为决策提供重要依据，因此对综合评价方法的研究具有广泛的现实意义。客观综合评价事物状态对认知系统目标的达成能力，判断决策系统可持续发展改善方向具有现实意义，在多个学科领域有着广泛应用。本章利用投影寻踪耦合学习方法中的无监督学习给出了可解决不同问题情境的相对综合评价方法。

7.1.1 综合评价类型

根据属性指标的信息提取方式，多属性评价可分为多属性指标评价、多属性指标综合评价[1]。前者以指标离散评价对多属性对象进行整体评价，后者则是综合多属性指标信息后的整体综合评价。

7.1.1.1 多属性指标评价

根据行业领域目标发布一定的评价指标，建立由多个相互独立的评价指标组成的评价指标体系，如水质指标、项目投资指标，依据各评价指标的评价标准，如项目投资中评价盈利能力目标的净现值、内部收益率等指标，收集特定投资项目的数据计算各评价指标值，以各评价指标的标准为基线，如5级水质标准、项目盈利标准等，利用超标指数法或者指标偏差法，分别计算各项评价指标的超标程度，对系统目标效果进行评价，如盈利效果等。开展单指标评价时假设各属性指标对事物对象的效用是相同的，采用的评价方法相对简单，是相对于确定标准的评价。

p 表示属性指标个数，假设有某待评价对象 $\{X\}_p$，

$$X = \begin{bmatrix} x_1 \\ x_2 \\ \vdots \\ x_p \end{bmatrix}$$

以 m 表示各指标的目标等级评价标准，有多属性指标评价标准矩阵 $\{S\}_{p \times m}$，则各指标评价的偏差值可以表示为

$$\Delta S = X - S \tag{7.1}$$

定义多属性评价矩阵为有 p 个指标的 m 个等级的多指标矩阵，可表示为

$$\Delta \boldsymbol{S} = \begin{bmatrix} \Delta s_{11} & \Delta s_{12} & \cdots & \Delta s_{1m} \\ \Delta s_{21} & \cdots & & \\ \cdots & & & \\ \Delta s_{p1} & \Delta s_{p2} & & \Delta s_{pm} \end{bmatrix} \qquad (7.2)$$

式中，$\Delta s_{11} = |x_1 - s_{11}|$，表示第 1 个评价指标到该指标对应的第 1 个评价标准的距离；$\Delta s_{pm} = |x_p - s_{pm}|$，表示第 p 个评价指标偏离第 m 个评价标准的距离。在每行中寻找最小值作为该指标相对评价标准的偏差测度：$\min\limits_{j} \Delta s_{pj}$，$j \leqslant m$ 即为该指标的评价等级，以此确定 $\{\boldsymbol{X}\}_p$ 的评价矩阵

$$\boldsymbol{X} = \begin{bmatrix} \Delta s_{1k} \\ \vdots \\ \Delta s_{pj} \end{bmatrix}$$

式中，j，$k \leqslant m$。对于评价 $\{\boldsymbol{X}\}_p$ 的整体等级，简单来说可以取 k，j 等中的最多等级数作为整体等级的评价结果。但当指标个数远小于等级数量时，可以取评价矩阵中的最小值对应的等级作为整体评价等级。

整体评价反映评价对象对特定目标的实现能力和效果，完成系统目标效果的确定原则，可以采用指标满足最多的等级来测定，假定 5 个指标均有 5 个等级，其中 3 个指标满足 2 级，超过半数指标，则整体评价效果即为 2 级。系统整体评价等级数量的确定应依据评价目标来确定，目标实现越复杂则评价等级数量可以越多。

多指标单方案的评价流程如图 7.1 所示，包括以下步骤：确定评价对象→建立评价指标体系及评价标准→量化评价指标→计算各评价值与评价标准的偏差→给出评价结果。实现多指标评价的关键是：评价对象各指标值的计算以及评价标准的确定。

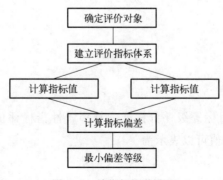

图 7.1　单指标评价流程

多指标评价存在以下问题：

（1）评价指标对目标满足的差异性问题。由于系统的特定指标常常不能完全满足多评价主体的目标要求，需要多个指标来共同决定评价对象的效果，而各指标对各目标标准的满足具有差异性，也就是说个别指标满足目标标准而有些指标不满足目标标准，此时如何评价事物的整体目标实现能力？

（2）评价指标效用的差异性问题。各评价指标对系统整体目标的影响效用存在差异性，也就是每个评价指标对整体目标实现的贡献度不同，存在指标目标效用的差异性问题，那么评价方法如何识别并反馈此差异性？

基于上述思想的整体评价方法有很多，评价研究的重点转向多属性综合评价方法，即综合考虑多评价指标对系统目标的综合效用进行多指标综合评价，以判断事物的整体目标能力。下面将提供多样本多属性的综合评价方法。

7.1.1.2　多属性指标综合评价

由于系统演化受多个维度因素的影响，系统综合特征的演进或系统现状差异性需要依赖综合评价来进行分析。根据系统目标，综合评价应能在考虑系统各方面能力的多个属性指标的共同综合效用的基础上，使用综合评价方法回答系统客体整体完成目标的效果和能力问题。以项目风险综合评价为例，具体见表 7.1。风险综合评价要求综合考虑项目中多个目标的相互作用，在各目标属性指标的行业标准基础上，给出项目风险的综合等级评定。每个属性指标有一个等级化的目标标准，每个等级下指标取值具有趋势性，当样本的各属性指标不具备一致满足性，即样本属性指标所满足的等级标准具有差异性时，如时间目标满足高级，而成本目标满足低级，质量目标满足中级，那么如何评价该项目的整体风险等级？此时可采用多属性综合评价方法进行项目风险的整体评价。

表 7.1　项目多属性目标风险评价

量表	概率	对项目目标的影响		
		时间	成本	质量
很高	＞70%	6 年	＞5 亿元	非常重大影响整体功能
高	51%～70%	3～6 年	1 亿～5 亿元	重大影响整体功能
中	31%～50%	1～3 年	0.5 亿～1 亿元	影响关键功能
低	11%～30%	1～4 月	0.1 亿～0.5 亿元	微影响整体功能
很低	1%～10%	1 月	＜0.1 亿元	微影响辅助功能
零	＜1%	不变	不变	功能不变

多属性综合评价是在建立属性评价指标集的基础上，考虑各属性指标对系统整体目标的影响权重后，利用属性指标加权评价值所完成的评价过程。多属性综合评价原理的基本表达式为

$$U = WX \qquad (7.3)$$

式中，X 为属性评价指标矩阵；W 为属性权重矩阵；U 为事物对象的综合评价矩阵。对于多属性评价，需解决三个关键问题：综合评价的多属性指标体系、综合评价的指标权重、综合评价的准则标准。根据评价属性权重的确定方式，综合评价方法分为主观赋权评价法，如层次分析法（AHP），主要采用专家经验通过问卷调查的方式来确定指标权重；客观赋权评价法，如神经网络学习法，指利用方案数据或属性指标的多个标准来学习系统目标实现的规律，从而确定各指标的权重。另外根据事物动态发展的规律，评价标准和评价对象的指标值会随着系统发展而进行动态调整，此时的综合评价成为动态综合评价。数据驱动的动态综合评价是认知复杂系统演进规律的有效方法。本章介绍了基于属性指标标准的无监督或半监督学习评价方法。

7.1.2　评价指标体系

构建评价事物对象的评价指标体系是感知和识别评价对象的过程，评价指标体系是推断评价对象属性特征及其目标效用的重要基础，因此必须采用多方法协同来构建多属性指标体系，以保障评价基础的完备性和有效性。为实现感知与识别两个层面的科学评价过程，可以采用如下四种主客观识别方法来构建评价指标体系。

7.1.2.1　历史归纳法

历史归纳法是通过对理论文献综述和专家调查的方式系统总结对研究对象的已有感知和认知属性特征，利用逻辑归纳法生成初始的评价指标体系。这种方法适用于那些已经比较成熟的评价对象客体。

7.1.2.2　经验公式法

经验公式法是通过已经建立的目标函数来识别影响目标的因素，与历史归纳法进行对照补充后构建新的评价指标体系，如项目盈利能力目标的净现值函数中产品价格、项目投资、计算期和行业基准折现率等。另外，依据"蝴蝶效应"原理也可以纳入更多的目标影响指标因子。

7.1.2.3 统计识别法

统计推断是一种数据驱动的目标影响因子的识别方法，通过评价对象的目标及因素之间的相关性分析可以识别关键评价指标，与上述两种方法的结果一起构成最终的评价指标体系。因子识别的方法包括统计学习、模式识别、统计相关分析和差异性检验等，识别方法众多。

7.1.2.4 行业标准法

对于行业内比较广泛关注的事物对象客体，如水质，或者企业内的主营业务，如质量等，可依据行业执行标准和企业管理手册来确定事物对象的属性指标体系及评价标准，并根据具体事物对象的特点进行适当的调整。通常情况下，属性应保留普遍性，但测量属性的指标可以具有个性化和针对性增减调整。

7.2 监督综合评价

由于指标体系的取值有时存在或不存在一个行业标准值，因此可以将学习评价分为有监督评价和无监督评价。所谓有监督评价，是以行业标准值为评价依据，相对于标准依据给出评价客体的综合评价结果；当不存在一个评价标准依据时，多个评价客体之间互为标准依据进行的综合评价称为无监督评价，也是客观综合评价。有监督评价实行需要一个标准，而无监督评价需要多个评价客体。

7.2.1 有监督综合评价

7.2.1.1 基本思想

多属性有监督评价可以描述为以下情境：假设用 p 个属性指标评价事物对象的目标效果，存在一个评价标准 S 具有 m 个等级，S 的 m 个等级可以看成是 p 维空间中相互独立的 m 个点，现有一个待评价对象 X，也是 p 维空间的一个点，如何确定此评价对象在评价标准 S 下的等级？借助多指标评价的思想，多属性综合评价则是在 p 维空间中比较待评价对象与评价标准等级之间的距离，最贴近的等级即为事物状态趋近的标准等级。那么在 p 维空间的多属性综合评价的问题在于如何定义并计算 p 维空间中点之间的距离。"将 p 维空间的 X 和 S 均投影到一维空间后再计算一维空间点距离"是本节采用的综合评价基本思路。

有监督综合评价时，存在一个评价标准作为监督值，对象客体的评价结果是对评价标准的相对等级。在综合评价时，把各指标评价值恰当加权合成为一个综合评价值（点），此时在一维直线上的点就可以进行距离比较或排序，从而获得评价对象客体的整体评价等级。

定义 U_s 为多属性评价标准的综合效用矩阵，表示为

$$U_s = WS = \begin{bmatrix} w_1 & \cdots & w_p \end{bmatrix} \begin{bmatrix} s_{11} & \cdots & s_{1m} \\ \vdots & & \vdots \\ s_{p1} & \cdots & s_{pm} \end{bmatrix}$$

$$= [w_1 s_{11} + \cdots + w_p s_{p1}, \cdots, w_1 s_{1m} + \cdots + w_p s_{pm}]$$

$$= [u_{s1}, \cdots, u_{sm}] \tag{7.4}$$

式中，W 为一维权重行向量；S 为 p 维属性指标的等级标准值矩阵；u_{sm} 为等级 m 的综合效用值，在加权后，评价标准的效用值转化为一维行向量。

定义 U_x 为待评价的多属性对象 X 的综合效用值，表示为

$$U_x = WX = \begin{bmatrix} w_1 & \cdots & w_p \end{bmatrix} \begin{bmatrix} x_1 \\ \vdots \\ x_p \end{bmatrix}$$

$$= w_1 x_1 + \cdots + w_p x_p = u_x \tag{7.5}$$

多维评价对象通过加权计算转换为一个点。在多属性指标评价基础上，当属性指标权重已知时，多属性评价原理表示为：定义 $|\Delta Z|$ 为待评价对象的综合评价值矩阵，是评价对象客体与评价标准之间的距离矩阵。ΔZ 写成矩阵形式为

$$|\Delta Z| = [|u_x - u_{s1}|, \cdots, |u_x - u_{sm}|]$$

事物对象的整体评价结果为客体与标准之间的最小距离，即综合评价值距离标准等级效用值最小的等级 i 为综合评价结果，表示为

$$\min_i |\Delta Z|_i = \min_i |U_x - U_{si}| = \min_i |WX - WS_i|$$

$$= \min_i W |X - S_i| \quad (i = 1, \cdots, m) \tag{7.6}$$

多属性综合评价与多属性（指标）评价的基本原理具有差异性，前者是通过各指标加权后的综合效用值转换为一维单指标评价，而后者是指标独立评价

基础上的大概率统计评价。由于 W 取值根据指标的标准来确定，因此这种评价称为有监督评价。有监督评价的关键在于获得属性指标的权重矩阵 W。

通过挖掘属性指标标准等级的特征规律，可获得指标权重。有监督学习评价问题可以转化成分类与判别问题，分类的对象为评价标准矩阵，判别的对象为评价客体。评价学习时先采用聚类目标，将属性标准等级的综合效用值尽可能地离散，使得属性等级之间分开，此时获得的权重是最能明确表达对象等级的差异权重，然后计算待评价指标与属性综合效用值之间的距离，从而给出综合评价等级。

基于此原理，在多属性综合评价原理基础上，可以定义属性权重优化目标函数 Q，优化变量为 W，优化问题定义为式(7.7)，即使得各标准等级的综合效用值的累积距离最大的那个权重就是最佳权重。基于此权重可以计算待评价对象的综合效用值，进行等级判别。

$$\max_{w} Q = \max_{w} \sum_{i \neq j}^{m} |us_i - us_j| \qquad (7.7)$$
$$\text{ST} \quad \|W\| = 1$$

7.2.1.2 有监督综合评价过程

根据上述评价原理，有监督学习综合评价的框架见图 7.2。

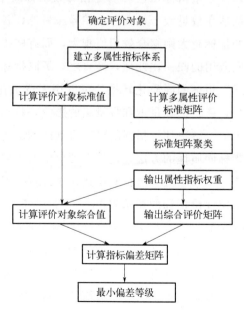

图 7.2 有监督学习综合评价框架

第一步，选取评价指标，建立评价指标体系，形成多属性多等级的评价标准矩阵。

综合评价结果是否客观和准确，首先取决于综合评价指标是否准确、全面，评价指标的选择是综合评价中的重要基础工作。根据数据属性，综合评价指标分为定性评价指标和定量评价指标。

（1）定性评价指标。定性指标很难通过物理量纲工具进行测量，往往采用根据经验调查表和专家经验的量化打分法来进行指标量化。如性别、学历、居住地等，通常应根据其与目标之间的相关关系进行序值化的评分，如果学历越高越好，则高学历的指标量值就越大。

（2）定量评价指标。定量评价指标可采用物理方法进行定量测定分析，有相应的单位，如时间、重量等，指标值依据测量值直接确定。

第二步，评价指标去量纲的归一化变换处理。

综合评价的目标是要将描述被评价对象的多个指标的信息加以综合得到一个综合效用数值，然后对综合效用数值进行比较分析，对被评价事物作出整体性评价。多个指标的综合加权应以各评价指标的同质性为前提，但评价指标体系中的各个具体指标往往是非同质的（首先，各指标实际数值的量纲不同；其次，由于各评价指标反映的是被评价事物的不同侧面，因此，采用的指标形式可以有所不同，可以是总量指标，也可以是相对数指标或平均数指标），这样各评价指标的实际数值在数量级上就会存在差异。另外，各指标对整体效用的影响趋势不同，有些指标越大则综合效用值越大，而有些指标越小综合效用值越小，所以要进行同效用的归一化处理，换言之，不同指标的影响效用采用不同的归一化计算公式。指标的同质化转换，可以用无量纲化的方法加以解决。所谓指标的无量纲化，就是消除量纲和数量级的影响，将指标的实际值转化为可以综合的指标评价值，解决评价指标的可综合性问题。指标的无量纲化归一化处理是解决各个指标同质性的方法，是综合评价中的重要基础工作。目前归一化处理的方法很多，本书相关章节也有论述，供计算参考。

第三步，优化确定评价指标的初始权重。

影响事物发展变化的因素有很多，而各个影响因素的影响程度是不同的，有主次之分。也就是说，在综合评价中，评价指标体系中的各个指标对被评价事物的作用有大有小，其重要性有所不同。因此，需要加权处理。权重是衡量各指标在综合评价中相对重要程度的一个数值，一般以相对数形式表示。由于多指标的综合一般采用加权平均的方法，因此，权重的确定直接影响着综合评价的结果（权重的变动会改变被评价对象的优劣顺序）。本章后面将介绍投影寻踪权重优化方法。

第四步，属性标准等级矩阵的加权合成，形成判别综合效用矩阵。

判别综合效用矩阵的计算是根据指标体系各个属性指标的标准值和评价权数，计算确定多个等级的综合效用值，形成综合效用的判别向量。综合评价方法的目标就是先根据经过综合之后得到的综合效用值优化确定属性指标权重，再依据待评价对象的综合评价值大小排序，对被评价事物进行综合比较分析。

第五步，依据属性标准的指标权重计算待评价对象的综合评价值。

第六步，依据属性标准判别矩阵和评价对象的综合评价值计算评价对象的综合评价向量，从而确定评价等级结果。

在进行标准值与评价值两者的比较分析时，应关注下列问题：

（1）综合评价值反映了被评价对象相对于整体标准的位置。一方面，由于对待评价指标实际值在评价标准矩阵的范围内作无量纲化处理，得到的指标评价值可以归结为一个统计相对数，而统计相对数反映被评价对象的相对地位；另一方，采用属性标准的权重加权合成得到的综合评价值，可以从整体上反映被评价对象的相对标准的地位。

（2）综合评价值比较抽象地反映了被评价对象的一般水平或趋势。由统计学原理可知，统计平均数反映的是事物的一般水平或趋势；而综合评价值是通过对各指标的评价值（即统计相对数）采用加权平均的方法加以合成得到的，所以，综合评价值反映的是被评价对象的一般趋势和综合水平。这也说明，综合评价值有确切的实际含义。例如，当从各个侧面来反映一个企业的技术开发能力时，综合评价值就代表着该企业的技术开发"综合能力"；当评价一个国家的国力时，综合评价值就代表"综合国力"等。

（3）计算综合评价值增加了评价信息。由于综合评价值是在各评价指标实际值的基础上产生的，通过综合评价，被评价对象都具有一个（且只有一个）确定的综合得分，对综合得分数据进行比较分析，能够描述和区分出评价对象的综合性优劣和好坏。除了综合评价值这个综合指标外，还有反映被评价事物各个方面的属性标准数据资料，一方面，为决策管理提供了多层面的信息，如整体上与高标准之间的差距信息；另一方面，也可以进行各个指标的效用评价分析。通过比较各指标对综合评价值的距离大小，来判断各个指标的等级效用对于评价对象整体得分的影响。

第七步，分析综合评价结果，给出评价结论。

（1）对于评价事物对象的因素和指标影响分析。对于属性评价标准，依据特征的描述可以进行层次等级分解。因此，在进行综合时可以反映各个层次等级的特征，进而分析被评价事物对象的各个层次等级与各个具体指标的得分情况和各个层次等级及各个具体指标对整体综合得分的贡献率、影响程度和方向。

（2）评价事物对象的动态分析。通过对得分的动态比较分析，可以发现被评价对象的动态发展变化水平；通过对影响得分的评价指标变化分析，可以发现被评价对象等级结构产生变化的原因。

7.2.2   无监督综合评价

7.2.2.1   基本思想

多属性无监督评价可以描述为以下情境：假设有一组具有可比性的待评价客体 $\{X_i\}_p (i=1,\cdots,m)$，是用 p 个属性指标评价 m 个事物对象客体的目标效果，评价哪个客体具有相对优势的方法就称为无监督评价。在此类评价中并不存在一个绝对的标准，评价的结果具有相对性，并且随着评价客体组成的改变，评价结果也会发生相应改变，具有一定的动态性。

将一组评价对象理解为 p 维空间的一组点 $[X_1,\cdots,X_m]$，定义评价对象样本矩阵为

$$\boldsymbol{X} = \begin{bmatrix} x_{11} & \cdots & x_{1m} \\ \vdots & \ddots & \vdots \\ x_{p1} & \cdots & x_{pm} \end{bmatrix}$$

借用有监督评价的思路，定义 $\boldsymbol{X}$ 的综合评价效用值为

$$\begin{aligned} \boldsymbol{U}_X = \boldsymbol{W}\boldsymbol{X} &= \begin{bmatrix} w_1 & \cdots & w_p \end{bmatrix} \begin{bmatrix} x_{11} & \cdots & x_{1m} \\ \vdots & \ddots & \vdots \\ x_{p1} & \cdots & x_{pm} \end{bmatrix} \\ &= [w_1 x_{11} + \cdots + w_p x_{p1}, \cdots, w_1 x_{1m} + \cdots + w_p x_{pm}] \\ &= [u_{x1}, \cdots, u_{xm}] \end{aligned} \tag{7.8}$$

通过对多维空间下评价指标值的加权计算，可以获得低维空间的一组综合评价效用值的点集 $\{u_{xi}\}(i=1,\cdots,m)$，通过对综合评价效用值的排序来确定

各评价对象的相对优劣效果。

7.2.2.2 评价流程

可以将无监督评价理解为对一群高维数据点的聚类问题，再根据各对象类的离散度来判别评价对象的相对效果。其实施流程如图 7.3 所示。

图 7.3 无监督综合评价流程

因此，以加权后的评价指标矩阵的最佳聚类为目标，寻找综合评价中的最佳权重是无监督评价方法实现的关键。

7.2.2.3 多属性综合评价特点

（1）消除属性指标的量纲影响是综合评价建模分析的基础。在综合评价分析中的消除量纲影响方法，是通过一定的数学变换或者相对化处理将具有不同计量单位的有量纲指标转化为不带量纲的数值，解决数值之间的可运算性和可同度量性问题，是应用数学中的数量化理论来处理各个不同指标具体物理意义的非同问题。

（2）指标权重的确定是多因素分析的研究结果。在综合评价中，各指标对评价对象的整体性影响程度是不一样的，各指标相当于影响系统整体性效果的影响因子，指标权重的确定实际上是揭示各个因子在数量上对整体性影响的程度和方向。虽然确定各因子影响程度和方向的方法有许多种，如定性方法和定量方法，但最终都要以量化形式体现出来。综合评价中权重确定实际上是数理统计的多因素分析方法的应用。

（3）综合评价过程是数学映射变化过程。综合评价是把描述被评价对象的多个量纲不同的指标实际值转化成无量纲的评价值，并综合这些评价值而对被评价事物做出的整体性评价。它的数学实质是：把高维空间中的样本点投影到一维直线上，通过一维直线上的投影点来对被评价对象做不同时（空）间的整体性比较、排序和分析。

（4）指标权重的优化是多元聚类与判别分析的结果。将相对评价问题转换成聚类问题，将待评价对象的等级评价问题转换成判别问题，综合评价就是聚类与判别分析的过程。

可以看出，无论是有监督综合评价还是无监督综合评价，其关键都在于通过多维聚类的方式获得最佳的指标权重。在有监督综合评价的聚类中，当指标的个数超过等级的个数时，聚类就存在高维性；在无监督综合评价的聚类中，评价指标的个数远大于待评价客体的样本个数时，同样也面临高维性。下面引入投影寻踪聚类构建高维情形下的综合评价方法。

7.3　投影寻踪聚类学习评价

7.3.1　建模思路

　　多属性综合评价的根本是将多维空间的点散布在一维空间后得到一个有序的综合评价值，可见其数学原理与投影原理类同。因此可以用投影方向替代属性指标的权值（$A=W$），用投影值替代综合评价值（$Z=U$），用投影指标代替监督多属性的目标函数 $[Q(A)=Q(W)]$，采用投影寻踪聚类学习方法建立监督学习的多属性评价模型，称为投影寻踪聚类综合评价模型[2-4]。

　　投影寻踪聚类可构造有监督评价。所谓有监督评价是依据评价事物对象特征维度变量的相对综合差异性来评价样本对象的总体效果，是在聚类基础上的判别。例如，河流或湖泊水质评价，是以水质标准为对象，首先进行水质分类，然后以水质标准的分类结果为依据来判别样本水质的类型。这类评价的前提假设是：多属性的水质之间存在有序差异性，如一类水质、二类水质、三类水质等。

7.3.2　学习过程

　　以水质评价为例，假设 x_{ij} 表示各项属性指标的标准值（其中，i 表示指标等级；j 表示指标个数），投影寻踪聚类综合评价模型的具体步骤如下：

　　（1）属性指标的标准值归一化　由于各标准指标值的变化范围相差很大，首先必须对各指标值进行标准化，按照目标同向原则，有利于目标正向发展的指标值越大则目标越优，则可按下式计算：

$$x'_{ij}=\frac{x_{ij}-x_{\min j}}{x_{\max j}-x_{\min j}} \quad i=1,\cdots,m;j=1,\cdots,p \tag{7.9}$$

式中，$x_{\max j}$ 为第 j 个指标的最大标准值；$x_{\min j}$ 为第 j 个指标的最小标准值。

（2）优化投影方向　将标准值代入第 4 章的投影寻踪聚类算法，用水质标准的投影值构造投影指标 $Q(a)$，当投影指标 $Q(a)$ 取得最大值时，求得投影方向 a。局部密度窗口 R 的取值不同时，可获得若干组反映水质等级标准值变化的投影值：$z_i = \sum_{j=1}^{p} a_j x'_{ij}\ (i=1,\ \cdots,\ m)$。

（3）绘图与人机交互　利用 Excel 的绘图功能，画出数据点对 (i, z_i) 的平面散布图，窗口 R 的个数决定散布图的个数。结合散布图特征的相互比较结果，如点的散开度，确定用于学习标准值样本类型的投影寻踪聚类综合评价模型，以及投影方向参数、聚类窗宽值和各级投影值。

（4）评价实测样本的水质等级　如果待评价样本指标值为 $y_j\ (j=1, \cdots, p)$，将其代入投影寻踪聚类综合评价模型，计算 $z_y = \sum_{j=1}^{p} \hat{a}_j y_j$，判断 z_y 与每级标准投影值 z_i 之间的距离，可获得一维判断矩阵，距离最近的 i 即为待评价样本的归属级。

采用投影寻踪有监督学习方法进行多属性综合评价时，运用了先聚类再判别的耦合思维，首先将标准进行聚类，然后再对评价对象进行标准下的判别。综上，投影寻踪聚类判别综合评价流程如图 7.4 所示。此流程在实际应用时，某些辅助模块可以选择相应的方法来进行实现，如判别的原则、归一化的方法等。

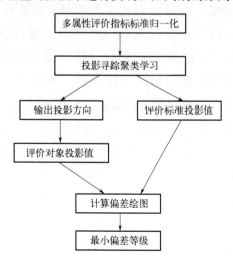

图 7.4　投影寻踪聚类判别综合评价流程

7.3.3　水质评价

多属性综合评价的一个典型代表就是水质综合评价。由于水资源系统是一个不确定系统[5,6]，系统目标受多个因素的共同影响，而这些因素本身具有不确定性，因此可采用不确定方法来进行综合评价研究。多属性指标综合评价不同于单指标综合评价，后者是基于各指标之间的相互独立性对评价对象进行评价，而前者则是根据各属性的系统性综合效果进行评价对象的整体评价。

在水质综合评价中，不确定综合评价方法有模糊综合评价[7]、灰色理论综合评价[8]、神经网络综合评价[9]、物元分析评价以及各方法耦合的综合评价方法[10,11]。

（1）水质模糊综合评价法。首先对各单项指标进行评价，然后考虑各项指标在总体中的地位，配以适当权重，利用模糊矩阵复合运算，模拟人的模糊推理思想，写成数据表达式 $A \cdot R$，式中，A 指各标准指标对总体污染作用的权重大小；R 的每一列是各评价指标分别对本项标准级别的隶属度。运算结果将得到水质标准隶属于各级水质的隶属度，隶属度最大者即为其归属类型。

（2）水质灰色综合评价。有限的监测数据并不能完全提供研究对象的全部信息，系统包含的部分信息是不确知的，因此从信息论的角度认为，水环境系统是一个灰色系统，可运用灰色聚类法对水质进行评价。灰色理论认为，系统信息应由两部分组成：一部分是实测资料提供的；另一部分由先验的假定实现，即预先给出的白化函数。应用灰色聚类法进行水质综合评价的思路是通过建立与隶属函数相似的白化函数（或称功效函数）进行聚类分析，其中，白化函数作为确知信息与非确知信息的桥梁。为了保证一定的客观性，由实测资料来不断修正白化函数，直到取得最佳的分类效果。灰色聚类法与模糊聚类法一样，都是在某种先验假定下的评价过程，这些方法在提供更多信息的同时，必须考虑先验信息准确性（这将直接影响最后的分类结果）。从这个意义上说，灰色聚类法在弥补实测资料所含信息不足的同时，又有人为不确定性的不足。

（3）水质物元综合评价。针对目标与条件之间的矛盾所产生的不相容问题，利用可拓物元集把不相容问题转换成相容问题，通过定义一定形式的关联函数来实现问题转化。其中，关联函数恰当与否对模型的评价效果起到极其重要的作用。

除以上综合评价方法的单一途径外，目前基于系统耦合性，采用了多方法的耦合途径，包括模糊、灰色、神经网络等之间的耦合，探索建立新的综合评价模型。本章给出了投影寻踪聚类综合评价方法的应用过程及结果分析。

选取地面水标准水质资料，进行投影寻踪聚类的地面水水质综合评价建模。根据国家地面水水质标准可知，水质标准定为 5 级，包括多项水质指标；为比较的方便，在投影寻踪建模中额外给出一个 0 级标准代表未受污染的自然水体。根据易于量化及常用原则，选取水质标准中的 25 项水质指标建立标准水质综合评价模型。这 25 项指标的取值如表 7.2 所示。其中 C_{j0} 表示 0 级水质的第 j 个指标，$j=1\sim25$。

表 7.2　水质标准的 25 项指标浓度值　　　单位：mg/L

序号	项目	C_{j0}	C_{j1}	C_{j2}	C_{j3}	C_{j4}	C_{j5}
1	锰 Mn	0.02	0.05	0.1	0.3	0.5	1.5
2	砷 As	0.01	0.03	0.03	0.05	0.1	0.2
3	汞 Hg	0.00005	0.00005	0.0001	0.0005	0.001	0.002
4	镉 Cd	0.0005	0.001	0.003	0.005	0.01	0.02
5	铬 Cr^{6+}	0.005	0.01	0.03	0.05	0.1	0.2
6	锌 Zn	0.05	0.05	0.5	1	2	3
7	硒 Se^{4+}	0.001	0.005	0.008	0.01	0.02	0.03
8	铅 Pb	0.005	0.01	0.03	0.05	0.1	0.2
9	总磷 TP	0.01	0.02	0.05	0.1	0.2	0.5
10	总氮 TN	0.1	0.3	0.5	1	2	5
11	硝酸盐氮 NO_3-N	2	5	10	20	25	30
12	亚硝酸盐氮 NO_2-N	0.02	0.05	0.1	0.15	1	1.5
13	氨氮 NH_3-N	0.02	0.05	0.1	0.2	0.5	1
14	化学耗氧量 COD_7	2	10	12	15	20	40
15	生物耗氧量 BOD_5	0.5	2	3	4	6	12

续表

序号	项目	C_{j0}	C_{j1}	C_{j2}	C_{j3}	C_{j4}	C_{j5}
16	氟化物 H_xF	0.1	0.5	0.8	1	1.2	2
17	总氰化物	0.005	0.01	0.05	0.1	0.15	0.3
18	挥发酚	0.001	0.002	0.003	0.005	0.01	0.1
19	石油类	0.02	0.05	0.05	0.07	0.5	1.5
20	高锰酸盐指数	0.5	2	4	6	8	12
21	叶绿素 Chl-a	1	2.5	10	25	65	150
22	溶解氧 DO	0.02(1/50)	0.125(1/8)	0.17(1/6)	0.2(1/5)	0.33(1/3)	0.5(1/2)
23	透明度 SD	0.1(1/10)	0.33(1/3)	0.55(1/1.8)	1(1/1)	1.67(1/.6)	2.5(1/.4)
24	溶解性铁	0.1	0.3	0.5	0.8	1	2
25	总硬度	5	10	15	25	75	200

在表 7.2 中，第 22 和 23 项指标的浓度由大到小变化，与其他项的变化趋势不同。因此建立模型时，采用其导数形式，使得这两项指标的浓度变化趋势与其余 23 项一致。现在，综合考虑 25 项指标间的相互作用关系，根据表 7.2 中的数值用投影寻踪聚类综合评价法建立标准水质模型。

由于投影寻踪聚类综合评价模型中的模型参数 R 会直接影响分类的结果，为了研究聚类模型与 R 之间的变化关系，分别取 $R=0.01$、0.1、1、5、10、50、100 七个值建立不同的标准水质模型。通过计算，得到不同的 R 时，分别对应于 25 个指标浓度的投影方向参数，见表 7.3。

通过计算发现，随着 R 值的增大，投影指标 Q 也相应地增大，而这种变化的趋势与数据有关，无明显规律。对于一个给定的 R，当投影指标 Q 不再明显变化时，即停止优化投影方向参数，确定分类的结果。从表 7.3 中可看出，方向参数的范围在 $[-0.3,0.3]$ 之间，小于初始给定的 $[-1,1]$ 区间；在前一个较小的范围内，存在多个投影方向，可以反映标准水质的特征。同时也说明标准指标浓度范围较宽，作为评价水质样本的依据，必须根据对水体要完成的功能等级，合理选择评价的水质标准。用表 7.3 中的 25 个投影方向计算 6 级水质标准的投影值，结果如表 7.4 所示。

根据表 7.4，绘制对应于不同 R 的 6 级水质标准的投影散点图，并配以趋势线，结果见图 7.5。

表 7.3　投影寻踪分类模型的 25 个方向值

R	a_1	a_2	a_3	a_4	a_5	a_6	a_7	a_8	a_9	a_{10}	a_{11}	a_{12}
0.01	-0.07	0.322	-0.053	-0.113	0.194	0.057	0.246	-0.285	-0.078	-0.181	-0.129	-0.237
0.1	0.078	0.281	-0.303	-0.129	0.33	0.017	-0.051	0.192	0.148	-0.049	0.005	-0.188
1	-0.195	-0.215	0.16	-0.193	0.11	0.168	-0.177	-0.113	-0.194	-0.238	0.541	-0.24
5	-0.19	-0.219	-0.238	-0.223	-0.187	-0.241	-0.235	-0.244	-0.122	-0.171	-0.216	-0.215
10	-0.079	-0.211	-0.296	-0.216	-0.284	-0.047	-0.235	0.131	-0.295	-0.289	0.119	0.054
50	-0.216	-0.146	-0.213	-0.219	-0.223	-0.231	-0.192	-0.22	-0.142	-0.223	-0.05	-0.155
100	-0.241	-0.122	-0.187	-0.204	-0.201	-0.212	-0.162	-0.151	-0.033	-0.24	-0.242	-0.033

R	a_{13}	a_{14}	a_{15}	a_{16}	a_{17}	a_{18}	a_{19}	a_{20}	a_{21}	a_{22}	a_{23}	a_{24}	a_{25}
0.01	0.344	-0.267	-0.267	0.251	-0.099	-0.136	-0.136	-0.007	0.215	-0.117	-0.038	0.308	0.235
0.1	0.299	0.112	-0.275	0.002	-0.216	0.162	0.371	0.009	-0.082	-0.208	-0.191	0.344	-0.063
1	-0.101	-0.033	0.188	-0.166	-0.123	-0.226	-0.22	-0.232	-0.14	-0.033	0.129	-0.047	-0.204
5	-0.144	-0.234	-0.195	-0.159	-0.239	-0.225	-0.141	-0.226	-0.239	-0.115	-0.212	-0.102	-0.145
10	-0.249	-0.205	-0.188	-0.198	-0.266	-0.158	-0.111	0.044	-0.082	-0.299	-0.221	-0.143	-0.136
50	-0.203	-0.17	-0.233	-0.215	-0.238	-0.237	-0.197	-0.123	-0.179	-0.203	-0.214	-0.223	-0.218
100	-0.244	-0.245	-0.243	-0.024	-0.235	-0.234	-0.244	-0.226	-0.229	-0.237	-0.24	-0.167	-0.072

表 7.4   与 R 对应的水质标准投影值

R	0	I	II	III	IV	V
0.01	0.50	−0.83	0.61	3.88	21.49	61.36
0.10	−0.27	−0.17	−1.08	−2.75	−9.09	−22.62
1.00	−0.40	−1.03	−1.16	−0.76	−15.30	−54.04
5.00	−2.17	−6.62	−11.64	−20.65	−41.54	−89.62
10.00	−1.11	−3.68	−5.16	−7.72	−19.28	−49.65
50.00	−2.01	−5.70	−9.57	−16.47	−37.47	−87.80
100.0	−1.90	−6.19	−10.95	−19.45	−36.57	−75.62

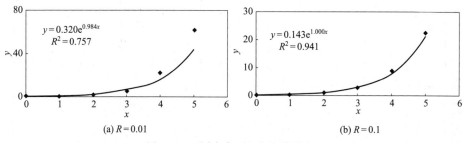

(a) $R = 0.01$ 　　　　　　　　(b) $R = 0.1$

图 7.5   不同窗宽下的投影值散布

图 7.5 中，横坐标为水质类型，纵坐标为投影值。从散点分布的趋势来看，投影值服从指数变化规律，拟合函数为

$$y = k\,e^{bx} \tag{7.10}$$

由于指数函数值始终大于 0，因此在绘制图 7.5 时，考虑曲线拟合的需要，当计算投影值为负时，取反号，使值为正；当投影值中同时出现正、负值时，就加上一个适当的正值，使得全部值位于横坐标之上。上述两种变换并不影响整体的综合评价水平。

从图 7.5 中可看出，无论参数 R 怎样变化，由多个指标决定的标准水质指标经过一维投影后，评价综合值与水质类型之间始终在空间散布为线性递增的规则曲线关系，为此关系所匹配的指数曲线的相关系数平方和较大。通过配线发现，横坐标以线性 0、1、2、3、4、5 变化，而纵坐标的投影值以指数关系变化。如以指数曲线为标准，得到各窗宽 R 下的拟合指数函数参数如表 7.5 所示，得到各窗宽和水质类型下的投影值计算结果见表 7.6。

表 7.5   公式(7.10)中的系数

R	k	b
0.01	0.320	0.984
0.1	0.143	1.000
1	0.259	0.920
5	2.625	0.705
10	1.289	0.696
50	2.246	0.716
100	2.430	0.695

表 7.6   水质类型计算值

R	0	I	II	III	IV	V
0.01	1.57	−0.65	1.64	2.77	4.32	5.36
0.1	0.63	0.18	2.02	2.96	4.15	5.06
1	0.47	1.50	1.63	1.16	4.43	5.81
5	−0.27	1.31	2.11	2.92	3.92	5.01
10	−0.21	1.51	1.99	2.57	3.89	5.25
50	−0.15	1.30	2.02	2.78	3.93	5.12
100	−0.35	1.35	2.17	2.99	3.90	4.95

水质类型由多个指标来决定，参数 R 不同，所对应的投影方向不同，在计算投影类型时，所侧重的投影指标也不同。由于确定标准水质的指标浓度属于各标准等级的程度并不一致，因此实际计算的各等级投影值之间存在着一定的差异。当用于评价水质类型时，相对于各组标准水质的计算水质类型会自我调整，同样可以得到一致的综合评定结果。另外，由于进行水质综合评价时，所选择的指标不同，指标浓度值不同，因此也将得到内容各异的水质标准类型计算值。由于上述 25 个标准指标浓度经过投影后具有指数变化的规律，可以采用这种变化规律规范水质标准类型。

7.3.4   结果分析

根据投影寻踪聚类综合评价模型的计算结果，可以得到下列结论。

(1) 选择一个简单形式的投影指标作为目标函数，通过优化投影指标这种新的优化途径，成功建立了标准水质分类模型。投影寻踪模型可以找到多元数据在一维数轴上有意义的投影，反映了多元数据在高维空间的结构特征，而这种特征不能直接在高维空间观察到，但通过投影后情况发生了变化。

（2）将所有标准水质浓度指标均向一维轴上投影后发现，水质类别与投影值之间呈现明显的指数变化关系，而且随着水质评价标准的不同，模型可以适时地调整，找到反映多个指标结构的高维数据在一维空间的变化规律，对于地面水水质标准变化规律的识别取得了较好的效果。

（3）由于在投影散点图上水质类别与投影值之间这种良好的对应关系，使得投影寻踪模型能够将水质标准较明显地区分，将其用于评价水质样本类型时，计算简单，结果直观，易于理解。

（4）当评价研究对象确定后，不同的参数 R 反映不同指标在综合评价时的影响力。一方面，一些 R 使得水质类型计算值小于（或大于）实际水质类型，这反映了制定水质标准时，指标取值的不均匀性，有些偏小，有些偏大；另一方面，不同的 R 对应着不同的投影方向，使得在综合评价水质时，各指标在投影值中所占的份额各不相同，各有侧重，可以说存在着多个反映指标权重影响的投影方向。通过实例研究发现，无论参数 R 怎样变化，当其使得水质标准投影值呈现增长趋势时，所获得的水质类型并不随着参数的变化而变化，评价的结果是稳定的。也就是说无论侧重哪种指标，投影寻踪聚类综合评价模型均可获得相同的综合评价结果。

（5）投影寻踪分类模型用于水质综合评价的另一优点在于，利用水质样本的投影值与水质标准的投影值之间的差异，可以反映待评价的水质样本的超标水平，为环保部门防治污染提供依据。

（6）尽管水质综合评价模型有许多，但大多数的综合评价方法可归结为单项评价参数的计算。多数评价的指标都是以实测指标浓度 C_i 与评价指标标准 S_i 的比值，即 C_i/S_i 作为基本单元，然后再进行相加、相乘和开方的处理。在模糊方法建立水质综合评判模型时，用 C_i/S_i 确定指标权值和隶属度函数；运用灰色理论评价未知级别的水质类型时，也是基于 C_i/S_i 来确定目标权值和关联度函数。尽管模糊数学与灰色理论所依据的理论不同，但思路大致相同，即将水质标准和水质监测样本看作两个普通数学意义上的空间向量，通过距离分析，以距离的远近来判断类别。由于水质类型受多种指标影响，当各水质指标的所属水质级别不同步时，很难取得合理的评判结果，常会出现结果失真、误判等现象。神经网络具有人脑的思维特征，通过有监督网络学习，基于水质标准与水质浓度指标之间的对应模式，可建立输入与输出之间映射关系下的神经网络水质评价学习模型，模型结果可作为判别特定水质样本等级的依据。其建模过程由数据自学习完成，人为干扰较少，但存在如下问题：一方面，模型的物理意义不明确，神经元、隐层的概念不容易得到明确的物理解释；另一方面，模型的结果反映不出各污染物对水环境影响的差异和归属某级的程度，也就是说，模型不易表达出污染的程度及各因子对水质质量的贡献大小，环境保护部门不能直接根据评价结果制定有效及时的治理措施。

本章提出的投影寻踪水质综合评价模型具有应用原理的简单性和实现过程的统一性。通过模型应用，对水环境评价本身而言，由于水质评价的标准级、水质监测、水体环境的诸多不确定性，使得水质综合评价方法的选择也越来越不确定。综合目前已有的水质评价方法的特点和应用效果，水质综合评价工作需要在以下方面取得进展。

（1）水质评价在考虑各水质指标综合作用的同时，评价方法本身要直观、简单，这方面可从模糊聚类、灰色聚类分析的广义距离中得到启示，距离近者则类型相近，既易于叙述，也能判断样本水质与标准类型水质之间的差异程度。

（2）人为干扰要少，这样评价结果才客观。目前的方法中，均存在人为制定的分级参数，例如模糊聚类中隶属度函数、截集的确定，灰色聚类中白化函数、类别数的确定等。由于参数的选择不当，必然直接影响评价的结论，甚至得出相反的结论。以样本学习的人工神经网络方法对评价模型本身不作假定，完全由数据驱动完成水质标准模式学习和评判，减少了人为任意性，取得了较客观的成果，是一个发展方向。也就是说，评价方法要充分利用评价时所依据的信息，尽可能由标准与实测样本水质来反映评判规则，不可过多地根据个人意见来制定规则，或预先给出规则，以保证评价的客观性。

（3）水质评价的最终目标是评价结果要能为水质改善、利用提供决策。评价模型要能反映水质级别与水体功能的对应关系，还要能反映出水体中各指标对本水体的影响度，例如当某一指标变化时，水体功能和水质级别的变化规律。水质控制目标在于调整水体中各指标的综合作用关系，既要保证水体的基本功能，也要保证水质级别，实际操作中均要落实到各单项指标的协调上。这是一个非常复杂的过程，因此要求评价方法本身尽可能考虑单项水质指标的同时，也能协调考虑单项指标间的级别关系。

总体上，采用数据驱动的有监督思想建立的投影寻踪聚类综合评价模型能将十分复杂的高维非线性数据结构转变为肉眼可直接观察到的低维结构，在水质评价研究中得到了成功的应用，是研究水环境变化规律简单、直观的方法。

7.4 本章小结

本章从认识、理解与判断三个层面提出综合评价的基本流程为：确定评价事物对象目标→建立评价属性指标体系→量化评价指标→选择综合评价方法→计算综合评价结果→给出目标达成结论。从事物对象客体的识别范畴来说，实现综合评价要解决三个关键问题：第一，综合评价的多属性指标体系的建立；第二，综合评价中系统方案的各属性指标的分析量化；第三，综合评价中评价方法的选择确定。从事物对象的判断范畴来说，实现综合评价要解决的关键问题是综合评价对象结果的比较确定。其中，对综合评价方法的研究决定了评价结果的充分性和可靠性，一个好的评价方法能充分挖掘指标所显示的系统特征规律，可靠实现系统状态判别。对评价对象的判别则可以采用有标准依据的有监督判别评价和无标准依据的无监督判别评价，而在综合判别之前获得指标权重是评价的关键，针对高维评价中的维数问题，本章给出了解决问题的思路及基于投影寻踪聚类的综合评价方法。

建立投影寻踪聚类综合评价模型时，应注意以下关键问题：

（1）学习样本的选择应充分考虑研究对象总体标准的完备性、代表性和可学习性。以对象标准属性指标值作为评价模型的输入，在聚类学习基础上实现样本判别，样本指标的归一化应在总体范围内进行。

（2）在投影寻踪聚类综合评价学习中，投影值的平滑特征宽度 R 的选取对投影寻踪方向有一定的影响，不同的 R 描述数据特征的角度不同。一方面，要综合考虑数据的整体刻度、点的多元密度变化的已知信息以及样本的大小等因素；另一方面，R 应足够大，使得每个投影点的平滑邻域都有足够多的点来估计局部密度，但也不可过大，否则将影响估计精度。在实际应用时，常使

用多个 R 同时计算，然后学习比较选优。

（3）借助计算机交互作图进行数据分析时，Friedman 给出的投影寻踪方法不同于 Switzer 等提出的投影寻踪方法，后者是先试探性地分为两类，然后计算它们的分离度，前者则是对全部投影点计算出一个投影指标值，值大就倾向于分离或聚类。当选定一个最优投影方向时，计算机会给出明确的投影指标值，并显示出投影后的一维散布图，可根据投影散布图来进行类别划分。整个过程是由计算机的计算与作图功能结合，计算机提供信息与人的判断相结合来完成，其综合评价结果直观、可靠。

（4）对于投影寻踪聚类综合评价模型而言，允许有多个局部极值问题，产生多个投影方向，然后从中选出最优的，甚至还预先从多个方向开始，同时进行计算。由于聚类分析的本质在于探索潜在的数据结构，分析方法发现数据结构的多样性并不一定不好，而关键在于怎样对聚类结果作出符合研究目标的合理解释。

（5）由于水质标准的指标浓度值变化具有明显的规律，一般随着水质等级 i 变大指标浓度值 x_i 增大，也存在少数指标浓度 x_i 随着水质等级 i 的变大而减小的情形，需进行归一化再建模计算。设每个评价标准共分为 5 级，经过投影寻踪的线性加权后投影值 $z_i = \sum_{j=1}^{p} a_j x_{ij}(i = 1, \cdots, 5)$，必然有 $z_1 < z_2 < z_3 < z_4 < z_5$，表现出明显的有序规律，可以作为水质综合评价的依据。从投影寻踪在水环境综合评价中的应用来看，取得了满意的效果，如果将投影寻踪聚类学习模型的投影值贴近思路开拓，用于分类型的相似问题研究，应该也能取得同样有效的结论。

参考文献

[1] 陈衍泰，陈国宏，李美娟 . 综合评价方法分类及研究进展［J］. 管理科学学报，2004，7（2）：1-11.

[2] 王顺久，张欣莉，丁晶，等 . 投影寻踪聚类模型及其应用［J］. 长江科学院院报，2002，19（6）：53-55.

[3] 段沛霞，倪长健 . 投影寻踪动态聚类方法及其在四川省生态环境质量评价中的应用［J］. 成都信息工程学院学报，2007，22（1）：113-115.

[4] 康明，王丽萍，赵璧奎，等 . 基于投影寻踪动态聚类法的水库水质评价模型［J］. 水力发电，

2013，39（1）：16-19.

[5]   丁晶.水文水资源不确定性分析研究的若干进展［C］//全国水文计算进展和展望学术讨论会论文
       选集.南京：河海大学出版社，1998.

[6]   郑祖国，杨力行，张欣莉.水文水资源不确定性问题研究现状与展望［C］//全国水文计算进展和
       展望学术讨论会论文选集.南京：河海大学出版社，1998.

[7]   张旭臣.水质分级评价的模糊数学方法研究［J］.水文，1998（6）：24-27.

[8]   夏军.区域水环境质量灰关联度评价方法的研究［J］.水文，1995（2）：4-10.

[9]   李祚泳.B-P 网络用于水质综合评价方法的研究［J］.环境工程，1995（2）：1-6.

[10]   吴绍龙.水质评价的模糊综合——灰色分析复合模型应用［J］.上海环境科学，1996，15（6）：
       10-13.

[11]   胡明星，郭达志.湖泊水质富营养化评价的模糊神经网络方法［J］.环境科学研究，1998，
       11（4）：40-42.

第 8 章

投影寻踪耦合学习预测

本章重点内容是投影寻踪耦合学习方法在系统模拟及预测中的应用，基本思路是在分析预测基本原理的基础上，将预测问题转换成投影寻踪回归耦合学习方法的对应形式，针对特定预测对象的建模应用，给出投影寻踪回归学习预测模型的基本表达式和建模流程，讨论投影寻踪耦合学习预测的特点与要求，实现高维复杂系统仿真预测研究。

8.1 统计预测基本原理

统计预测是根据历史与现实数据信息推演系统未来变化规律的过程。其包括三个层面的关键内容：一是识别反映系统演化规律的影响因素，也称为预测因子或自变量；二是确定复杂系统演化结果的表征变量，也称响应变量或因变量；三是根据影响因子的历史和现时数据基础，运用知识经验和科学方法，对因变量的未来发展趋势进行估计和测算。统计预测需要探究三方面的规律：预测因子自身的变化规律、自变量与因变量的互作用规律、因变量的发展规律。

8.1.1 预测分类

由于系统（如水资源系统等）具有高维性、非线性、不确定性和动态性的复杂混合性，从影响系统复杂性的多变量因素出发，基于多变量的多元回归及时间序列方法成为发现复杂系统动态演化结果变量的有效方法，是统计预测方法的重要内容。根据预测方法、预测提前期的差异有不同的预测类型，如多元预测、时间序列预测和长短期预测等。

基于预测的本质，一方面，从多元统计系统分析角度来看，预测是用系统输入的预测因子对系统输出因变量的解释性研究，可以在系统输入影响因素对系统输出变量的相关关系研究中找到系统输入对输出的影响规律，从而建立预测模型进行系统输出变量的变化特征预测，从严格意义上讲此类预测未考虑提前期，因此更类似系统仿真模拟，当不考虑系统的动态变化时可使用该方法推演预测；另一方面，从时间序列分析的角度来看，系统演化结果受自身规律的影响，响应变量自身具有时序变化的特征，可以采用自相关时间序列分析方法实现对系统未来状态的预测。预测总是与时间有关，在预测建模时，处理时间维度的方式一般是在输入变量的选择时，采用预测因子变量的提前期信息与因变量之间的时滞相关性建立回归预测模型进行不同提前期的预测研究。根据提前预测时间的长短，即提前期的分类，预测可分为中长期预测、短期预测和超短期预测。中长期预测一般指一年以上的预测，如年流量；短期预测为月、天的预测等，如日流量、月流量等；超短期预测也是实时预测，是在分和秒内更新预测因变量的状态。本章主要介绍中长期和短期预测建模问题。

8.1.2　单途径预测

由于复杂系统受到自然环境和人类活动的干预影响，因此其具有随机、模糊、灰色等复杂不确定性，因而不确定方法被广泛、有针对性地引入复杂系统研究。用上述方法开展系统研究有两种途径：单一途径和耦合途径。所谓单一途径是针对复杂系统的某一种不确定性用相应的不确定方法建立预测模型[1-5]。这类模型主要有：

（1）时间序列模型。假设复杂系统的影响变量，即预测因子具有随机不确定性，如河道来水量具有概率分布的不确定性，在建立时间序列随机预测模型时，根据所研究随机变量序列的时滞长短的相关特性来确定模型形式和模型阶数的参数。线性自相关系数是确定模型阶数的主要依据。此类模型包括自回归、滑动平均自回归和差分自回归、门限自回归等多种形式，解决了自相关预测的多个应用问题。

（2）模糊不确定模型。系统响应变量取值大小的程度在概念上具有模糊不确定性特征，例如流量具有偏大、偏小等模糊特征，因此需要根据变量模糊特征来确定一个模糊不确定性函数，定量表述模糊变量在某一模糊特征下的不确定程度，即某种变量隶属于不同模糊特征集合的大小，称为模糊隶属度。可以说，隶属度函数是模糊模型提取信息的载体，不同的对象有不同的隶属度函数形式。对于变化复杂的模糊变量，要求模糊隶属度集合的划分要精细，这样才能全面反映模糊变量的突发或极偶然现象。模糊模型的建立过程本质上是确定隶属度函数的过程，根据隶属度函数建立的模糊模型解决了复杂系统的模糊不确定性。在建立模糊模型时，确定模糊隶属度函数的参数需要数据驱动的方法；当预测因子变量较多时，它们之间错综复杂的模糊组合关系大大增加了模糊预测建模的计算量，模型收敛到满意解是关键难题。

（3）灰色预测模型。该模型认为可以将系统动力学本身的复杂性、变化的随机性以及认识的不完善性等的总和视为灰色特性。与模糊模型、随机模型相似，灰色模型中也有一个用来表示灰色信息量的函数，称为白化函数，建模的过程实质上是一个寻找确定白化函数的过程。建立灰色模型时，很难分清灰与白的界限，有时由于信息的重复使用，须克服假相关现象，提高预测模型的预测可靠性。

（4）人工神经网络模型。人工神经网络是一种复杂系统的非线性逼近器，其通过变化的网络结构和不断修正的网络权值来揭示复杂系统的多维度非线性的变化规律。在人工神经网络模型中，网络权值是系统特征信息的载体，建模时，网络权值随着数据特征的复杂性增加而被不断修正，权个数也会随着系统复杂性增加而增加，通过调整网络权值参数和权节点个数，模型实现了不断提取系统信息特征的目标。因此不同的系统复杂性必然会产生各类型的网络结构，其中网络结构参数的确定成为最不确定的问题，给模型实际应用带来一定的困难。

（5）投影寻踪回归模型。一方面复杂系统的演化受众多预测因子的影响；另一方面系统的实测数据又非常有限，存在样本与变量不平衡的维度灾难问题，针对这种情形，提出运用投影寻踪回归模型，将高维输入数据投影到低维空间，再用一维空间中运用成熟的统计回归方法揭示系统输入与输出变量之间的互相关系，反映整个系统的演变规律。在投影寻踪回归模型中，投影方向参数以及低维拟合岭函数是提取信息的两个重要手段，研究对象中信息量被利用的"度"可以通过模型的这两类参数反映出来。

上述 5 种模型的实际应用效果还表明，单独使用一种不确定研究方法不易全面、系统地解决复杂系统的多种不确定性混合问题，较难取得理想效果，因此提出了多方法可加耦合的方向。在对多个因素影响的复杂系统进行预测建模时，如具有高维非线性混杂性的系统，由于一种方法很难具有普遍的适应性，因此常常根据研究系统对象的特点，采用多种方法耦合的途径进行建模，可更全面、有效地反映研究对象的演化规律。

8.1.3   耦合预测

所谓耦合预测是综合考虑复杂系统的多种不确定性建立多个不确定方法联合运用的预测模型，如随机、灰色、模糊、网络耦合模型，其中诸方法与网络模型耦合成为主要趋势。网络耦合体现在以上方法的主要参数与网络模型中的网络结构、网络权值之间的等价关系，结构与权值参数的相互协同为耦合方法提供建模计算依据和实现基础。在预测模型中，与神经网络耦合的方法有模糊神经网络、混沌神经网络、小波神经网络和投影寻踪耦合学习网络等[6-9]。

（1）模糊神经网络模型。模糊数学与神经网络耦合的基础仍在于两种方法中关键元素的相互协同耦合。模糊模型是根据样本的信息量来确定各输入变量的隶属度，从而确定模糊规则，给出模型的预测输出。预测模型的关键在于隶属度函数的确定，以模糊隶属度函数作为神经元函数，神经网络对神经元函数的自学习功能恰好能为隶属度函数确定提供有效手段，从而实现模糊神经网络学习建模。例如，在流量预测时，由于流量的组成不同，各个时期变化的规律不一致，用一类模型或方程来描述难以取得满意的结果，可先将流量模糊聚类为不同的模糊集合，再按照不同的类型引入神经网络进行预测，建立模糊神经网络模型。从耦合模型参数学习来看，模糊神经网络模型是用隶属度和网络节点两类参数来提取样本信息特征的。

（2）混沌神经网络模型。客观事物的运动除定常、周期、准周期运动外，还有一种更具有普遍意义的运动形式，即混沌运动，如流量运动等。应用混沌理论中的重建相空间技术，并借助分形理论和符号动力学便可在相空间中建模揭示复杂流量动力特征。利用相空间可将传统的系统动力预测模式和统计预测模式结合起来，根据延滞时间重构流量运动相空间，重现流量系统的几何结构与拓扑结构，再基于此重构的相空间结构，用神经网络刻画系统中未知相点和已知相点间的函数关系，实现对系统从无序到有序建模的过程。混沌神经网络模型从整体上提取了系统的有序变化规律。

（3）小波神经网络模型。该方法是先将随机变量的时间序列分解成多个频率成分的叠加，然后对时间序列的各个频率成分分别建立适当的神经网络模型，进行各尺度空间的组合预测，最后运用小波重构法得到原时间序列的组合预测。该模型的基本思想与模糊识别神经网络模型大体相同，即由混合复杂性分解为多个简单部分，再分别用神经网络的非线性适应性构造不同的网络模型，通过最后的重构来描述整个序列的特征。信息的载体是小波变换中表示频率特征的小波基函数和各频率部分的神经网络权值，对于很复杂的时间序列，小波神经网络模型可以细化逼近实测序列的结构特征。

（4）投影寻踪耦合学习网络模型。投影寻踪在预测建模中属于统计回归学习的范畴，此回归学习有两种途径：单一途径和耦合途径。前者如投影寻踪回归预测模型，而后者是投影寻踪回归与其他方法，例如神经网络、模糊数学和时间序列等方法建立处理数据特征混杂性的耦合预测模型。从投影寻踪方法的应用发展来看，具有以下两种趋势。

单一途径的建模研究的重点在于寻找最优投影方向的算法以及多种形式的投影指标的定义。模型参数包括投影方向参数和回归岭函数个数，在参数寻优时，一般采用求二阶导数的高斯-牛顿算法、最小二乘法和遗传优化算法。

耦合途径主要是与多元回归分析、神经网络以及模糊数学的相互渗透，这方面的讨论集中在回归函数、网络结构以及学习策略，先后出现了投影寻踪回归方法、投影寻踪回归网络学习以及投影寻踪回归模糊推理学习模型。以上三种模型均可用于复杂系统的预测分析，针对不同的研究问题，可选取不同的神经元函数形式。概括来说神经元函数形式包括两种，即非参数与参数型。前者包括非参数数值平滑函数，后者包括高阶多项式函数、样条函数和模糊推理函数等。

尽管参数投影寻踪回归网络学习模型取得了优于非参数投影寻踪回归网络学习模型的计算效果，但参数投影寻踪回归网络学习模型中计算的精度依赖于高阶多项式的阶数[10]。在变量的投影方向上引入一个偏差项时，投影寻踪学习网络便能获得独立于阶数的计算效果，对阶数的敏感性降低，同时提高了模型的收敛率。

在分析了一种有普遍优势的逐级相关（cascade-correlation）学习技术后，指出该方法不仅能动态地增加含有确定形式的神经元隐层层数，而且可以有效地确定神经网络的拓扑结构，提出可以将逐级结构融合到投影寻踪学习网络中，使得系统的高阶特征能被每一个低阶多项式神经元掌握，同时，还能实现投影寻踪回归中多项式阶数的动态增长[11]。

研究认为将投影寻踪用于模糊神经网络是避免建立模糊神经网络模型时，遭遇维数灾难的有效方法之一[12]。在模糊推理建模中，对一定数量的样本而言，建立高维输入的非参数回归模型时易受到维数灾难的困扰，因此将模糊理论引入投影寻踪回归中，重新构造了非参数回归和非参数分类模型。其中，用模糊关系方程和协方差矩阵的特征矢量构造了避免投影寻踪指标局部最小的新目标函数。建立模型时，首先根据这一指标将序列分为两类，然后用径向基函数的投影寻踪回归方法分别建立模型[6]。

从上述研究可以看出，各方法之间的相互交叉和融合更细致、多元，其目的是提高耦合模型对复杂研究对象所含信息特征的描述挖掘能力。耦合模型在研究复杂问题时的确发挥了良好的作用，但对于一些特殊情况，各类模型遇到了一些困难。如，当研究变量过多时，很难确定模糊网络模型中各变量之间的模糊组合变化情况；目前的研究表明，并不是所有的水文现象都满足混沌建模中要求的自相似性，因此混沌网络模型不能研究所有的水文变量；小波分析具有广泛的应用价值，但建模时必须有足够长度的样本资料才能满足小波分解的要求，在许多领域较难实现。

随着新模型的出现，多种方法的耦合必然使运算过程变得相当复杂，不便于实际中的操作应用，因此一方面要结合具体研究问题探索新的耦合模型形式，另一方面要寻求有效的建模优化方法。本章结合研究对象系统的特点以及目前预测模型的优缺点，提出了用于水资源预测的投影寻踪耦合模型，同时采用了投影寻踪智能优化算法提高投影寻踪耦合模型的实际应用能力，探索不确定预测的新技术。为了对比方便，均采用统一的河道流量资料进行建模研究，验证模型的计算效果。

8.1.4　损失函数

模型预测精度是衡量预测模型是否能成功挖掘数据特征信息的重要依据，常定义各种类型的损失函数指标来测量模型的预测精度。损失函数（loss function）或代价函数（cost function）是将随机事件或其有关随机变量的取值映射为非负实数以表示该随机事件"风险"或"损失"的函数。损失函数由相应模型的学习准则或优化问题来定。在预测模型中，根据预测模型的输出结果计算损失函数的值，利用最小化损失函数的活动来改善模型的精度指标。预测精度指标也是模型收敛性的重要测度，是构造优化模型参数的目标函数的重要组成内容，是预测模型的重要组成部分。通常预测精度指标根据模型估计因变量输出值与实测因变量输出值来构建，下面给出了几种常用的预测精度指标。

设 $\hat{y}$ 为拟合模型估计值，y 为样本实测值，均值为 $\overline{y}$，n 为样本个数，则可以定义模型的拟合精度指标或损失函数。

（1）平均绝对误差（mean absolute error，MAE）

$$\text{MAE} = \frac{1}{n} \sum_{i=1}^{n} |\hat{y}_i - y_i|$$

MAE 是绝对残差的累积后平均值，不同样本实测值量纲上的差别会使 MAE 指标的计算结果具有较大的波动性，因此受量纲干扰，仅用该指标较难判断预测效果的优劣。

（2）均方误差（mean squared error，MSE）

$$\text{MSE} = \frac{1}{n} \sum_{i=1}^{n} (\hat{y}_i - y_i)^2$$

对每个预测值和实际值的差值进行平方后的均值为平均均方误差。算数平方的好处在于可以放大极端误差，同时对误差进行平方，可以加倍"惩罚"极端误差估计，凸显极端虚高或虚低的预测误差。在选择预测方法时，用均方误差来量化预测准确度，可以避免选择那些会产生大错特错和极端误差的预测模型。建模时，以该指标的最小值为模型参数优化目标。

（3）均方根误差（root mean square error，RMSE）

$$\text{RMSE} = \sqrt[2]{\frac{1}{n} \sum_{i=1}^{n} (\hat{y}_i - y_i)^2}$$

RMSE 指标是在 MSE 指标的基础上增加了根号，这样偏差数量级实现了直观表示。如 RMSE＝10，可以认为回归估计值与真实观测值之间平均相差 10 个单位。该指标越小，预测误差就越小，当预测值与真实值完全一致时，RMSE 等于 0，即完美预测模型。以该指标的最小值为模型参数优化目标。

（4）平均绝对百分比误差（MAPE）

$$\text{MAPE} = \frac{1}{n} \sum_{i=1}^{n} \frac{|\hat{y}_i - y_i|}{y_i}$$

MAPE 表示残差占原值比值的累积百分比，直接反映拟合的直观效果；

该指标值越小拟合精度越高，当 MAPE 为零时预测精度最高。当实际值非常小，特别是接近 0 时，误差百分比可能很大，指标的灵敏度降低；如果实测值为 0，分母为 0，计算失效。因此，MAPE 不适用原值小的拟合精度测量。另外，MAPE 采用绝对值计算，因此对估计偏差的正负方向不敏感。

（5）加权平均绝对误差百分比（weighted mean absolute percentage error，WMAPE）

$$WMAPE = \frac{\sum\limits_{i=1}^{n} |\hat{y}_i - y_i|}{\sum\limits_{i=1}^{n} y_i}$$

该指标反映了总体误差与总体实值之间的比值，对极端值带来的误差波动反应不灵敏。在大数据背景下，可用 WMAPE 值作为预测精确度指标，来反映模型对大样本的整体预测效果。

（6）确定性系数

$$R^2 = \frac{SSR}{SST} = 1 - \frac{SSE}{SST}$$

式中，SST（sum of squares for total）为总平方和；SSR（sum of squares for regression）为回归平方和；SSE（sum of squares for error）为残差平方和。有 SSE+SSR=SST 和 RSS+ESS=TSS。

回归平方和：SSR=ESS（explained sum of squares），其计算式为

$$SSR = \sum\limits_{i=1}^{n} (\hat{y}_i - \overline{y}_i)^2$$

残差平方和：SSE=RSS（residual sum of squares），其计算式为

$$SSE = \sum\limits_{i=1}^{n} (\hat{y}_i - y_i)^2$$

总平方和：SST=TSS（total sum of squares），其计算式为

$$SST = \sum\limits_{i=1}^{n} (y_i - \overline{y}_i)^2$$

确定性系数是一个综合指标，该指标说明，拟合优度越大，自变量对因变量的解释程度越高，自变量引起的变动占总变动的百分比越高，观察点在回归直线附近越密集。

上述精度指标的计算应基于一定的样本数据完成，对样本数据的选择有交叉验证法、bootstrap 抽样等方法[13]。可依据行业经验或专业目标要求进行选

择确定计算精度指标样本的抽样方法，验证预测模型的有效性；也可以采用多个指标进行比较研究，确定最佳参数的预测模型。

　　根据统计原理将统计预测的对象、预测因子、预测方法和预测绩效指标进行融合后得到统计预测方法应用的基本流程，包括预测问题分析、预测方法选择、预测方法应用和预测结果四大模块，如图 8.1 所示。

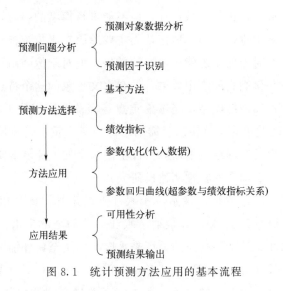

图 8.1　统计预测方法应用的基本流程

8.2　投影寻踪回归网络学习预测

8.2.1　对象分析

　　本节主要将基于神经网络的投影寻踪模型用于水文水资源预测研究，探索其在建立多预测因子的水文预报模型时的有效性和发展问题。

　　杨荣富等[14] 用人工神经网络进行降雨径流模拟时，考虑到年径流量虽主要取决于流域内地区年降水量和年蒸发量，但在大多数情况下仍存在以下两个问题：①系统输出不仅依赖当时及前期输入，也取决于响应系统的状态，例如对于连续的月或更短期的降雨径流模拟，流域产出流量不仅取决于面雨量，而且也取决于前期流域状况（土壤水分和流域蓄水量）；②信息测量的不精确，信息的不确定性使得应用 BP 网络建模时比较困难。鉴于此，研究者根据流域水文特性，提出了一个基于水量平衡和非线性水库的水文模拟网络，利用遗传算法优化参数取得了满意的效果。杨荣富等[15] 的另一项研究发现，在降雨径流模拟中，几乎所有的文献除了把必要的气象资料作为系统输入外，还把预报时刻以前较长时间的流量作为输入的一部分；在进行连续模拟时，由于这些流量是未知的，造成可以进行参数估计，但不能进行模型的检验，使得这样的神经网络模型在实际中难以使用。他们认为主要原因在于传统神经网络模型过于简单，对那些没有时滞的系统能给出好的效果，但对于像降雨径流这样复杂的时滞系统，很难获得满意的应用效果。结合水文现象的这个特点，本节研究给出了两种实用的神经网络模型：当考虑重点是径流时序变化上的自相关性时，在 BP 网络的基础上建立实时输出反馈网络；当考虑重点是流域状态因素影响时，建立奢侈输出反馈网络。下面以长江上游一个典型流域的降雨径流预测为对象，开展投影寻踪耦合回归预测建模研究。

本节预测紫坪铺站流量，该站位于岷江上游末端。此站以上控制河长为 335km，集水面积为 22662km^2，接纳了岷江上游的全部来水。紫坪铺站的水量由姜射坝集水和位于杂谷脑河的桑坪来水以及两站至紫坪铺区间来水三部分组成。姜紫河段长 85km，河段区间流域面积为 8385km^2，主要有杂谷脑河、渔子溪、寿溪等由右岸汇入的支流，各支流下游均有测站控制，包括姜射坝、桑坪、耿达、寿溪、紫坪铺五个流量站，详见图 8.2。

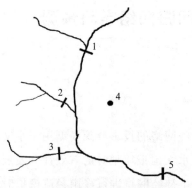

图 8.2　紫坪铺流量、雨量站分布
1—姜射坝与桑坪流量之和；2—耿达；3—寿溪；4—流量站；5—紫坪铺

姜射坝的集水面积为紫坪铺以上集水面积的三分之二，但年水量不到紫坪铺站年水量的一半；姜、紫区间面积虽只占紫坪铺站集水面积的六分之一，但年水量接近紫坪铺站年水量的三分之一，因此直接选用姜射坝至紫坪铺区段作为研究河段，来研究紫坪铺的流量。

紫坪铺来水主要由降雨形成，年最大流量出现在 6～9 月，双峰或多峰流量过程约占 70%，单峰约占 30%，一次流量历时一般为 5～7 天，此流量主要集中在三天之内，流量上涨历时变化较大。流量过程的形状与洪水发生的季节、水量组成紧密相关。6、9 月流量一般以姜射坝来水为主，此时紫坪铺流量过程表现为矮胖的单峰或峰距较大的复峰，涨落平缓，历时较长，峰值不大，如图 8.3(a) 所示。

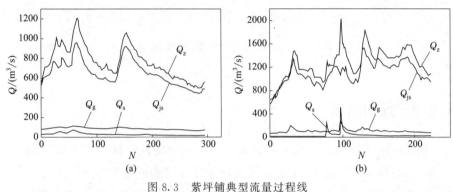

图 8.3　紫坪铺典型流量过程线

7、8 月流量多为姜-紫区间暴雨所致，暴雨中心常在渔子溪、寿溪和紫坪铺一带，此时，紫坪铺流量过程多是尖瘦的双峰或多峰型，历时短、涨落速度快，在峰值处，同时还对应着较高的寿溪流量，如图 8.3(b) 所示。

图 8.3(a)、(b) 是流量过程线中选出的时段为 4h 的部分流量过程。图中自上而下第 1 条曲线为紫坪铺流量过程 Q_z，剩余依次为姜射坝与桑坪流量之和 Q_{js}、耿达流量 Q_g、寿溪流量 Q_s。从两图中可以看出，紫坪铺的径流特征在不同月份具有不同的特征，特征形状由上游径流与区间流量的变化关系共同决定。

8.2.2　预测模型

在建立紫坪铺流量预报模型时，必须根据紫坪铺站流量组成，综合考虑影响洪峰形成的径流与降水两个层面的因素，建立多因子预报模型。

根据资料状况，取预见期为 4h，以 $t+4$ 时刻紫坪铺流量作为预报因变量，记为 Q_z^{t+4}，考虑 t 时刻姜射坝与桑坪流量之和 Q_{js}^t、寿溪流量 Q_s^t、耿达

流量 Q_g^t、t 时刻未控区间平均降雨 P^t 为相互独立的四个输入变量，建立多因子输入、单因子输出的模型，结果如式(8.1) 所示。

$$Q_z^{t+4} = f(Q_{js}^t, Q_s^t, Q_g^t, P^t) \tag{8.1}$$

式中，f 为输入与输出的对应关系，是输入与输出变量的预报依据。

根据本书第 3 章的投影寻踪智能优化算法，第 5 章的投影寻踪回归耦合学习建立紫坪铺流量预报模型。取时段为 4h，预见期也为 4h 的流量过程，建立基于神经网络的投影寻踪回归学习预测模型，下面给出带一个偏差项的紫坪铺流量估计方程式(8.2)。

$$Q_z^{t+4} = \sum_{i=1}^{m} [g_i(a_{i1}Q_{js}^t + a_{i2}Q_s^t + a_{i3}Q_g^t + a_{i4}P^t - \theta_i)] \tag{8.2}$$

式中，θ 为阈值项；g_i 为第 i 个神经元岭函数；其他符号的意义同式(8.1)。

8.2.3   预测结果

预测建模资料如下：在 6 年内时段为 4h 的流量资料中，选取流量大于 $800\text{m}^3/\text{s}$ 的样本点合计 1764 个，预测对象紫坪铺的流量如图 8.4 所示。用最后 600 个样本点做预测模型的预留检验，其余样本为拟合样本用于参数优化建模。将预测样本资料代入预测模型式(8.2)，优化预测模型的参数。

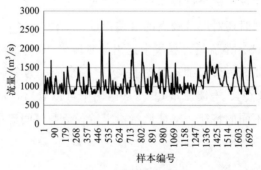

图 8.4   紫坪铺流量图

经过模型优化运算，取输入变量个数为 4 个，3 个径流变量和 1 个降雨变量，取神经元子函数的个数为 1，低维拟合多项式的阶数为 3，通过多次迭代，利用建模样本数据优化得到的模型参数如下：

$c_1 = 7.44$，$c_2 = 8.34$，$c_3 = 9.56$；

$a_1 = -0.9172$，$a_2 = -0.2233$，$a_3 = -0.2922$，$a_4 = -0.1533$，
$\theta = -0.9347$

在此投影方向上可以得到一维拟合多项式，即神经元函数，此一维函数的映射输出效果如图 8.5 所示。

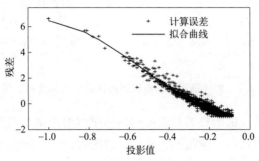

图 8.5　一维多阶多项式拟合效果

从图 8.5 中的拟合情况来看，由于增加了一个参数，在局部范围内进行了调整，因此拟合的效果优，包括特殊点在内的所有建模样本均取得了良好的多项式拟合效果。图 8.5 也反映出，紫坪铺流量与上游各流量之间存在非等加权的线性关系。

投影寻踪回归学习模型的建模拟合如图 8.6(a) 所示，拟合相对误差如图 8.6(b) 所示。600 样本流量的预留检验结果及其预测检验相对误差如图 8.7(a)、(b) 所示。

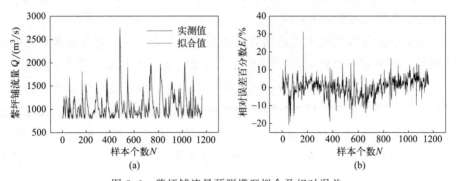

图 8.6　紫坪铺流量预测模型拟合及相对误差

根据水文预报规范，模型的计算结果统计为，模型的拟合合格率为 99%，预测合格率为 98%，模型的确定性系数为 0.93，预报方案评定为甲级，建模效果优。

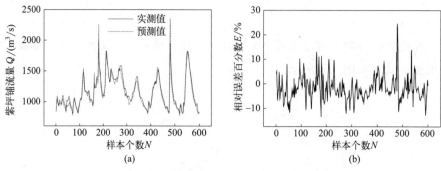

图 8.7   紫坪铺流量预测模型预留检验拟合及相对误差

本节给出了带阈值的投影寻踪回归网络学习的流量预测应用研究，以确定性系数为精度测量指标，应用结果表明，投影寻踪回归网络学习取得了较好的预测结果，可以用于多元非线性回归的预测逼近研究。

8.3 投影寻踪回归模糊推理学习预测

由第 5 章的模型分析可知，投影寻踪与模糊推理预测模型适用于部分变量已知、部分变量是模糊变量，且影响因素较多的情形。在紫坪铺洪水预测中，由于区间降雨的汇流时间短，有时不能准确测得，可以看作一个模糊的变量，因此采用模糊推理模型来预测。

水文信息可以描述水文研究对象的运动状态及该状态随时间和空间的变化规律。对于某一事物而言，完整的信息量应为先验信息与实得信息之和。在水文信息中，通过水文测验的手段获得的实测资料，是在观测水文现象的过程中所获得的信息，可以称为水文实得信息。所谓先验信息是在观测或研究某对象之前通过其他渠道获得的，如根据专家经验提取的信息。一般来说，先验信息通常是根据某种假定预先给出的。对于先验信息有着各种假定，例如洪峰的 P-Ⅲ 型分布便是极典型的先验假定，并作为设计洪水的依据。预先假定的主要目的在于更完整地掌握全部水文信息，隶属度函数的假定可以认为是一种根据经验确定的先验信息，一定程度上有助于获得系统特征信息。

8.3.1　对象分析

分析紫坪铺流量过程线可知，紫坪铺的洪水主要有三类：第一类是由姜射来水形成的紫坪铺洪峰，形状多为矮胖的单峰，而且峰值区间较大；第二类是由姜射来水和区间来水共同组成，会出现复峰情形；第三类是由区间暴雨形成的尖瘦型大洪水。紫坪铺洪峰流量是由姜射坝、姜紫区间来水、区间暴雨三部分按大、中、小不同的组合形成的，组合不同洪峰流量类型不同。考虑大、中、小三个模糊集，可以用模糊语言写出如下简单推断：

如果姜射坝为大流量，区间来水小，区间降雨小，则紫坪铺流量较大；

如果姜射坝为中水，区间来水大，区间降雨较大，则紫坪铺形成大流量；

如果姜射坝为小水，区间来水较大，区间降雨大，则紫坪铺形成大流量。

如果将模糊概念进一步细化，引入偏大、偏小等模糊集，如上推断将能较全面地反映上游可能出现的流量组合情形，同时合理推断出紫坪铺流量可能发生的情形，依据此思路能够建立新的预报模型。

紫坪铺流量 Q_z 受到姜射坝和桑坪流量之和 Q_{js}、耿达流量 Q_g、寿溪流量 Q_s 和未控区间平均雨量 P 共 4 个因子的共同影响。一个因子就是一个参数，那么有几个影响因子，其参数空间就是几维的，因此，紫坪铺流量存在于一个 4 维空间中。在建立模糊推理模型时，如果以每个参数分为大、中、小 3 个模糊集合计算，4 个参数构成 $3^4(=81)$ 种不同的组合形式；如果以每个变量 4 个模糊集合划分，将形成 4^4 种组合情形。为了减少计算工作量，考虑先将同类型变量进行投影降维，提取压缩信息量后，再进行模糊推理回归预测。投影寻踪回归模糊推理框架如图 8.8 所示。

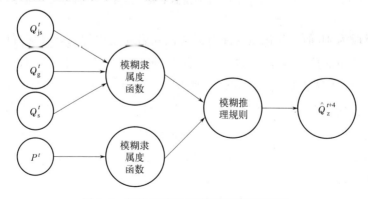

图 8.8　投影寻踪回归模糊推理预测网络

8.3.2 预测模型

首先对影响紫坪铺流量的 3 个上游流量进行线性投影变换，提取出上游站 t 时刻流量特征维度的压缩信息量，即 $Z = a_1 Q_{js} + a_2 Q_g + a_3 Q_s$，然后将压缩的流量特征信息量与区间雨量 P 一起作为预测因子，建立紫坪铺流量为预测因变量的回归方程式（8.3）。

$$Q_z^{t+4} = \overline{Q_z^{t+4}} + F(Z^t, P^t) \tag{8.3}$$

式中，Q_z^{t+4} 为紫坪铺流量；F 为模糊推理规则；P^t 为区间降水。为提高估计的精度，投影值 Z 和区间雨值均采用具有 6 个模糊子集的梯形隶属度函数，初始隶属度函数如图 8.9 所示，模型输出值紫坪铺流量采用线性隶属度函数。在模糊推理模型中，投影特征量 Z 与降雨变量 P 所构成的模糊规则条件部有 $6 \times 6 = 36$ 种初始组合，模型学习的任务就是依据样本信息确定式（8.3）中的模糊推理规则，然后依据模糊规则完成模糊推理预测。

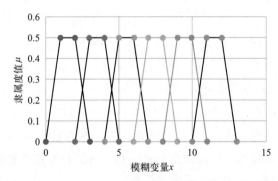

图 8.9 梯型模糊隶属度函数

将时段为 4h 的 5 年流量与降雨资料代入第 3 章中的投影寻踪智能优化算法和 5.4 节中的投影寻踪回归模糊推理学习模型中，训练得到姜射坝、耿达和寿溪对应的最优投影方向参数分别为：$a_1 = 0.4106$，$a_2 = 0.4037$，$a_3 = 0.4333$。根据实测建模资料计算得到三个上游流量压缩后的特征量 Z 后，与区间降雨 P 一起作为输入变量，以紫坪铺流量为输出变量，建立模糊推理学习预测模型。预测模型学习获得的投影特征量 Z 的隶属度函数以及区间降雨的隶属度函数分别如图 8.10(a)、（b）所示。

在图 8.10(a)、（b）中，以纵坐标表示隶属度，横坐标分别表示流量投影

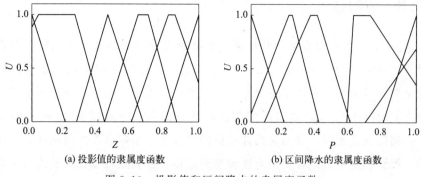

(a) 投影值的隶属度函数   (b) 区间降水的隶属度函数

图 8.10   投影值和区间降水的隶属度函数

值 Z、降雨值 P 模糊集合的划分，可以看出，降水的非线性变化更显著。5 年建模资料的拟合曲线和拟合相对误差分别如图 8.11(a)、（b）所示，600 个检验样本预测曲线与检验样本预测相对误差如图 8.12(a)、（b）所示。

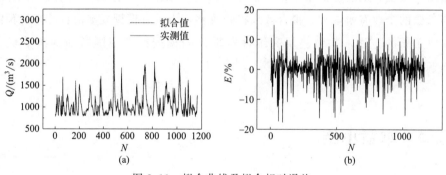

(a)   (b)

图 8.11   拟合曲线及拟合相对误差

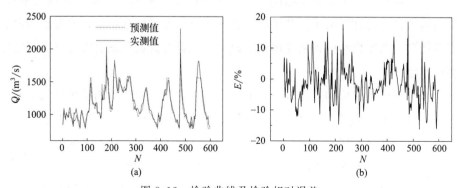

(a)   (b)

图 8.12   检验曲线及检验相对误差

8.3.3　预测结果

从图 8.12 中可以看出，倒数第二个洪峰点的预测值大于实测值，两者相对误差在预测序列中最大，为 18％。造成这一误差的主要原因在于此洪峰形成的主要原因是寿溪发生了历史 6 年以来的最大流量，由于寿溪到下游紫坪铺站的汇流时间不足 1h，而实际用于建模计算的资料是长度为 4h 的时段平均值，必然造成下游紫坪铺站建模样本值的洪峰小于实际已发生的洪峰值。在预测时，投影模糊模型能够突出寿溪流量的作用，在一定程度上调整流量组合的预测规则，给出合理预测。

根据水文预报规范，以相对误差小于 20％ 为合格，整个模型的拟合合格率为 100％，预测合格率为 100％，模型的确定性系数为 0.92，而且实测流量与预测流量的峰现时间一致，预报方案为甲级，预测效果超过投影寻踪回归网络学习模型。从理论上来说，投影寻踪回归模糊推理模型的参数类型未增加，但参数的个数有所增加，拟合效果得到改善，为具有模糊规则信息的系统预测提供了新的方法，并解决了高维性所带来的模糊推理规则增加的参数优化问题。

8.4　本章小结

本章给出了两种投影寻踪耦合回归预测模型，从模型的拟合和预测来看，均取得了良好的计算结果。其中模糊推理耦合模型的精度最高，但模型的参数个数最多。两类模型的预测应用结果说明，投影寻踪回归耦合方法具有可用性和可及性。

（1）从模型的应用效果来看，取得了较高的精度。说明用遗传算法实现的投影寻踪技术提取了绝大部分主特征量信息，所建立的耦合回归模型能够预测变量的非线性和模糊不确定特征，较好地反映输入与输出变量之间的复杂成因关系。本章提出的模型可用于其他相似系统的预报问题研究。

（2）从更广泛的意义来看，投影寻踪回归模糊推理学习模型为研究精度异质性变量之间的映射关系提供了新思路，可以对输入变量分别处理后，再综合建立输入与输出之间的回归逼近关系。

（3）在模糊推理预测模型中存在的问题是隶属度函数的优化确定，可以认为隶属度函数是一类先验信息量，可以根据实测样本不断被学习修改，直到实现预测精度。本章的应用认为，由于系统现象的复杂程度各不相同，一个变量所对应的隶属度函数形式在各模糊子集上应是各不相同的，这样才能反映不同系统现象的复杂组合情形，同时必须综合考虑投影方向的选取。

（4）两类回归学习模型的最大区别在于模型对初始变量的输入采用不同的处理方式。当研究变量的精度较高时，可基于原始数据学习训练投影寻踪模型，而当变量中出现除原始数据以外的其他不确定因素时，例如有模糊不确定性，可建立投影寻踪与模糊方法结合的新模型，解决变量多且不确定的问题。当然，当变量中存在灰色不确定时，可按照同样的思路，建立投影寻踪与灰色方法相结合的模型。

（5）对于预见或提前期为 1 天的短期时段预测问题，其在时间序列上具有无穷个超短期如小时时段甚至分钟时段的高维性，可以采用第 6 章函数型分析的原理，建立投影寻踪函数型回归预测模型，解释超短期小时时段过程对短期时段的影响机理，精细化揭示超短期过程之间的差异性，提高模型预测精度。这方面工作还需要深入研究。

参考文献

[1]　丁晶，邓育仁．随机水文学 [M]．成都：成都科技大学出版社，1988．

[2]　陈守煜．模糊水文学与水资源系统模糊优化原理 [M]．大连：大连理工大学出版社，1990．

[3]　夏军．中长期径流预测的一种灰色关联模式识别与预测方法 [M]．武汉：武汉水利电力大学出版社，1991．

[4]　钟登华．水文预报时间序列神经网络模型 [J]．水利学报，1995（2）：69-75．

[5]　郑祖国，杨力行．1998 年长江三峡年最大洪峰的投影寻踪长期预报与验证 [J]．新疆农业大学学报，1998，21（4）：312-315．

[6]　Brow M Bossley K M，Mills D J，et al. High dimensional neurofuzzy systems：Overcoming the curse of dimensionality [J]. IEEE Int Conf：Fuzzy Systems，1995：2139-2146.

[7]　赵永龙，丁晶，邓育仁．混沌分析在水文预测中的应用和展望 [J]．水科学进展，1998，9（2）：181-186．

[8]　李贤彬，丁晶，李后强．基于子波变换序列的人工神经网络组合预测 [J]．水利学报，1999（2）：1-4．

［9］ Hwang J N. The cascade-correlation learning：A projection pursuit learning perspective ［J］. IEEE Trans Neural Networks，1996，7：278-289.

［10］ Kwok T Y，Yeung D Y. Use of bias term in projection pursuit learning improves approximation and convergenc properties ［J］. IEEE Trans Neural Networks，1996，7 (5)：1168-1182.

［11］ Hwang J N. A united perspective of statistical learning networks ［J］. IEEE Signal Processing Magazine，1997 (6)：36-38.

［12］ Miyoshi T. Near-fuzzy projection pursuit regression ［J］. IEEE Int Conf Neural Networks，1995 (2)：266-270.

［13］ Borra S，Di Ciaccio A. Measuring the prediction error. A comparison of cross-validation，bootstrap and covariance penalty methods ［J］. Computational Statistics & Data Analysis，2010，54 (12)：2976-2989.

［14］ 杨荣富，丁晶，刘国东. 具有水文基础的人工神经网络初探 ［J］. 水利学报，1998 (8)：23-27.

［15］ 杨荣富，丁晶，刘国东. 神经网络模拟降雨径流过程 ［J］. 水利学报，1998 (10)：69-73.

第 9 章

投影寻踪耦合学习决策

本章重点内容是投影寻踪耦合学习方法在统计学习决策中的应用。首先给出学习决策的基本原理，以及将决策原理转换成投影寻踪聚类学习和回归学习的方法思路，然后针对特定的事例，分别给出投影寻踪聚类决策模型和投影寻踪回归决策模型的数学表达式、建模流程、建模结果和建模中应解决的关键问题，实现系统数据驱动的统计学习决策。

9.1　统计决策基础

决策指决定策略或方案的行为活动。决策也是一个复杂的思维操作过程，是先进行信息搜集、加工，然后做出判断与选择的过程。统计决策是以人的行为决策方式，在统计推断的基础上，根据决策目标运用计算机辅助的多个方案的选择决策过程。统计决策主体是人，客体一般为决策方案。本质上而言，统计决策是在样本情境下做出对多个方案对象的选择，通过统计方法计算各方案的决策目标为这种决策行为提供依据。根据方案选择的主观与客观性，可分为主观选择决策和客观选择决策。前者是基于人的主观经验实现的统计决策方法，如贝叶斯决策、统计序决策等；后者是基于数据驱动的统计学习决策方法，包括回归、人工神经网络等。本章以管理领域的决策问题为应用背景，在分析多方案选择决策的基本思想基础上，给出了投影寻踪聚类学习决策和投影寻踪回归学习决策模型。

9.1.1   多准则决策

多方案决策的目的是实现行为决策目标的最优，如投资方案决策中的收益最大、成本最小，资源配置决策中的综合效益最大等。由于决策目标受多个准则因素的影响，对实现决策主体目标的多方案进行选择决策就属于多方案多准则决策问题。决策方案的类型不同，如投资方案、配置方案、采购方案和技术方案等，方案目标效用的具体内涵也不同。以建设项目投资决策为例，项目全寿命周期长，项目建设及运维的影响范围广泛，建设及运维中涉及众多利益主体，只考虑单一主体利益和经济效果的投资决策已不能满足工程特别是大型建设项目投资决策的需要。社会发展要求工程项目服务的多元化对其提出了非货币化的价值创造需求目标，表现为公平、社会、美学、政治、生态等方面，这些价值需求构成多个决策准则，应采用多准则的综合决策方法，完成基于多准则基础上多个方案目标价值的综合判断决策。

多准则综合决策的典型问题有考虑经济与生态效果下的投资方案决策、考虑行为与环境条件下的投标方案决策、考虑经济和安全效果下的资源配置方案决策等。建立决策目标的属性指标体系、确定判断价值效用的决策原则和计算方法是综合决策的重要内容。根据方案决策的目标最优原则，决策分为优势决策、满意决策与综合效用决策等三类。

（1）优势决策是将在所有评价目标上保持相对最优的方案作为最终决策方案。这种决策方式在多属性多准则决策时不具有普遍的意义，因为一个决策方案很难在所有目标上达到全面最优。

（2）满意决策是方案决策主体对决策方案的所有目标有一个期望，距离目标期望最近的方案则是最优方案。这是一种以决策主体期望为主导的决策方法，具有一定的适应性。考虑到某些属性指标并不是越大越好或者越小越好，而是趋于某个标准为最佳，如项目规模指标，因此采用决策主体满意的指标值作为决策准则。

（3）综合效用决策也称为线性加权评价，根据所有目标的加权效果设置方案的综合效用，方案的效用越高则方案越优。假设决策方案建成的准则目标为

$x_i(i=1,2,\cdots,n)$，从多个价值目标角度进行方案决策时，这些目标效用的水平有时并不均衡，在总效用中其影响权重存在一定差异，要用指标的加权值作为方案选择决策的依据。

9.1.2 多准则综合效用

在经济学中，效用是指消费者通过消费或者享受闲暇时使自己的需求、欲望等得到满足的一个度量。经济学家用它来解释理性消费者如何把他们有限的资源分配在能给他们带来最大满足的商品上。决策方案效用指若干利益相关者的需求满足的程度或资源配置的效率。由于决策方案运营过程中涉及若干利益相关者，因此决策方案效用也指总效用或综合效用。

决策总效用是指项目利益相关者在一定时期内，共同投资一个项目所获得的所有效用的总和，总效用是由子效用显性表达的，因此须采用有效的决策方法实现方案所产生的行为效果的综合效用。假设各子效用对总效用的影响均衡，可采用各子效用的线性等值加权计算，则总效用函数 $E(u)=u_1+\cdots+u_i+\cdots+u_m$。其中，$u_i$ 表示项目方案的子效用。

方案总效用由多个效用维度组成，涉及经济、环境、文化、管理、社会、生态等各个方面，而这些维度中某些可以进行货币化，如经济效果可以为"元"，也存在部分非货币化的效用指标，如生态效果可能为植被"覆盖率"，管理的效果可能为满意率等，这些衡量决策效用的单位并不统一，在总效用函数中不能将其简单地加减，因此需要将各子效用处理为一个无量纲值后，才能计算项目投资总效用，实现对项目投资决策。

假设某个决策的多准则目标效用指标变量集为 $\{X\}$，决策方案实现准则目标时的效用为 $u(x)$，各指标效用具有差异性，以权重 w_j 取值，要求 $\sum w_j=1$，那么，待决策方案实现 n 个目标的期望效用函数可以表示为所有了目标效用的加权值：

$$U(X)=E[u(x)]=w_1u(x_1)+w_2u(x_2)+\cdots+w_nu(x_n) \qquad (9.1)$$

式中，$E[u(x)]$ 表示实现决策准则目标 X 的期望效用，即决策方案的总体效用；$U(X)$ 称为期望效用函数。方案的目标效用可以表现为生态效用、技术效用、经济效用、文化效用及意愿效用、认知效用等，应根据决策主体需求进行论证分析。采用公式(9.1)进行多方案多准则目标下的综合分析，将方案的综合效用值作为是否接受方案的基础依据。

假设决策的规则由决策方案的每一个准则指标逐一确定。设第 j 个准则指标为 X_j，$X_{j\min}$ 表示指标的最小值，$X_{j\max}$ 表示指标的最大值，u_j 表示第 j 个指标的效用，采用相对评价法，由于决策目标的主观期望差异，使得指标效用的计算存在三种类型，如表 9.1 所示。

（1）指标取值越大，目标效用越好。当指标值越大则效用值越大时，采用公式（9.2）计算指标的效用。可以看出，指标值越大，分子越大，而分母越小或不变，所以效用越大。

$$u_j = \frac{X_j - X_{j\min}}{X_{j\max} - X_{j\min}} \tag{9.2}$$

（2）指标取值越小，目标效用越好。当指标值越小则效用值越大时，采用公式（9.3）计算指标的效用。可以看出，指标值越小，分子越大而分母不变，所以效用越大。

$$u_j = \frac{X_{j\max} - X_j}{X_{j\max} - X_{j\min}} \tag{9.3}$$

（3）设 X_{j0} 为指标的最优贴近值，准则指标效用计算式（9.4）分为两种情形。可以看出，效用值为零时，效用最大；效用值为 1 时，效用最小。

$$u_j = \begin{cases} \dfrac{X_j - X_{j0}}{X_{j\max} - X_{j\min}} & X_{j0} \leqslant X_j \leqslant X_{j\max} \\[3mm] \dfrac{X_{j0} - X_j}{X_{j\max} - X_{j\min}} & X_{j0} > X_j \geqslant X_{j\min} \end{cases} \tag{9.4}$$

表 9.1　准则指标优劣效用值折算

指标类别	指标准则值	优劣效用值
（1）越大越好的指标	$X_{j\min} < X_j < X_{j\max}$	$\dfrac{X_j - X_{j\min}}{X_{j\max} - X_{j\min}}$
	$X_j \geqslant X_{j\max}$	1
	$X_j \leqslant X_{j\min}$	0
（2）越小越好的指标	$X_{j\min} < X_j < X_{j\max}$	$\dfrac{X_{j\max} - X_j}{X_{j\max} - X_{j\min}}$
	$X_j \leqslant X_{j\min}$	1
	$X_j \geqslant X_{j\max}$	0

续表

指标类别	指标准则值	优劣效用值
（3）贴近标准值的指标	$X_{j0} \leqslant X_j < X_{j\max}$	$\dfrac{X_j - X_{j0}}{X_{j\max} - X_{j\min}}$
	$X_{j\min} < X_j < X_{j0}$	$\dfrac{X_{j0} - X_j}{X_{j\max} - X_{j\min}}$
	$X_j = X_{j0}$	0
	$X_j \geqslant X_{j\max}$	1
	$X_j \leqslant X_{j\min}$	1

表 9.1 也给出了以现有认知为依据，对新加入方案超出最大最小值范畴时，即出界的效用计算。

9.1.3　多准则统计学习决策

针对多方案多准则的选择决策问题，根据决策方案的样本数据采用统计学习的方法计算多准则综合效用，建立统计学习决策模型。统计学习决策的一般建模学习过程如下：

第一步，构建决策问题。在实际问题背景下，基于决策方案的不确定性和决策行为主体的主观认知，对决策目标进行大致概括，并构建方案选择的决策目标准则和决策目标价值判定标准作为方案统计学习决策的基础。目标准则可以用属性评价指标来表示。

第二步，构建决策方案。根据实际问题确定决策准则，确定决策原则，如比较决策、满意决策和综合决策等，梳理决策准则与决策目标之间的逻辑关系，产生出实现决策目标的各种备选方案。

第三步，建立决策模型。对于统计学习决策，可以采用无监督学习和有监督学习两类方法。前者是根据各决策方案的目标效用值排序来确定最优的方案选择，可用统计学聚类方法实现；后者则是通过对决策历史样本的学习，找到决策行为主体的方案决策规律，对新方案进行判别决策，可采用回归学习的方法实现。

第四步，方案学习决策。根据备选决策方案的样本数据，采用优化算法，求解决策模型的参数，获取各个备选方案的效用值或者决策标签值，并参照决策目标期望或决策策略原则对方案进行选择决策。

统计学习决策是数据驱动的决策，决策的基准不在于决策准则的主观标准

值，而是决策备选方案之间的相对关系以及决策方案与历史决策行为规律之间
的相对关系，具有客观、迭代和相对性的特点。决策过程由决策目标准则、决
策模型和决策方案数据共同实现，是一种数据驱动决策方法。下面分别介绍多
方案多准则的无监督投影寻踪统计学习决策方法和有监督投影寻踪统计学习决
策方法。

9.2 投影寻踪聚类学习决策

9.2.1 基本思路

投影寻踪聚类学习决策是一种无监督的学习决策。式(9.5) 为决策方案的
综合效用计算式，式(9.6) 为投影寻踪的线性投影方程式。

$$U(X)=E[u(x)]=w_1 u(x_1)+w_2 u(x_2)+\cdots+w_n u(x_n) \quad (9.5)$$

$$Z=a_1 X_1+a_2 X_2+\cdots+a_n X_n \quad (9.6)$$

对比式(9.5) 与式(9.6) 发现，两式具有形式上的相似性，即线性加权
求和。在多个方案多准则的选择情形下，根据子效用的加权计算各个方案的
几何期望效用，并依据各方案的效用值排序作为决策依据，此时，将各准则
指标的子效用值 $u(x)$ 等同于投影寻踪模型的输入
值 $[u(x)=X]$，将各子效用权值等同于投影方向值
$(W=A)$，将总效用值等同于投影值 $(U=Z)$，就可
以采用线性投影寻踪的方法，在方案分类学习的基础
上，依据投影值的大小排序值确定最终的决策方案，
称为投影寻踪聚类序决策。投影寻踪聚类学习决策过
程如图 9.1 所示，总体上包括"线性投影＋排序比
较"两个模块。

9.2.2 投资方案决策

水利工程对环境的影响作用，是在建立工程之前
必须论证的关键问题。工程对环境的影响表现在多个

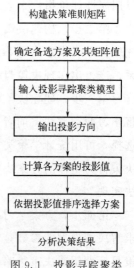

构建决策准则矩阵

↓

确定备选方案及其矩阵值

↓

输入投影寻踪聚类模型

↓

输出投影方向

↓

计算各方案的投影值

↓

依据投影值排序选择方案

↓

分析决策结果

图 9.1 投影寻踪聚类
学习决策过程

方面,当修建水利工程后,这些因素对环境的综合作用趋于理想环境,就说明工程修建就改善环境方面是有益的。以东江水电工程环境评价为例,根据本地调查资料、国家法规,结合工程所在地的环境状况,选取东江水电工程环境因子(包括水质方面、地质地貌、水生生物、工程效益、周边经济),各因子指标的定性解释可参考相关文献。首先建立环境的相应理想参考序列,其次由本地调查资料分别计算建立工程前、后的环境序列。环境因子的理想、工程前和工程后的数据同列于表9.2。

表 9.2 东江水电工程环境因子值

序号	指标因子	建库前环境序列	建库后环境序列	理想环境序列
1	镉/(mg/L)	0.0060	0.0099	0.0024
2	铜/(mg/L)	0.0070	0.0015	0.0014
3	锌/(mg/L)	0.0436	0.0436	0.0436
4	铅/(mg/L)	0.0130	0.0898	0.0130
5	砷/(mg/L)	0.0183	0.0492	0.0170
6	BOD_3/(mg/L)	0.9932	0.9140	0.9140
7	DO/(mg/L)	8.0900	9.1000	11.2500
8	总磷/(mg/L)	0.0582	0.0197	0.0133
9	总氮/(mg/L)	0.3960	0.3960	0.3960
10	氟/(mg/L)	0.5324	0.5324	0.5324
11	降水/mm	136.3200	145.0500	200.0000
12	温度/℃	0.0868	0.8012	2.0000
13	湿度/%	6.7120	7.4000	8.0100
14	微生物/(mm/m³)	5.0090	5.4800	5.8920
15	水生植物/(mg/m³)	0.5074	1.8564	1.9939
16	动物/(g/m³)	0.1099	0.5004	11.1600
17	鱼类/(7.5kg/公顷)	0.0000	22.3900	100.0000
18	农业(效益/投资)	1.0000	3.0900	10.0000
19	工业(效益/投资)	0.5000	1.8000	3.0000
20	发电(1)	1781.1000	827.4000	827.4000
21	发电(2)	0.6740	0.3230	0.3230
22	发电(3)	7235.0000	4452.0000	4452.0000

续表

序号	指标因子	建库前环境序列	建库后环境序列	理想环境序列
23	发电(4)	8.1300	7.7100	7.7100
24	防洪(1)	265.0000	450.5000	1031.0000
25	防洪(2)	1.0000	1.9175	2.5000
26	航运(1)	0.0000	5.0700	20.2800
27	航运(2)	0.0000	21715.0000	21715.0000
28	塌岸	0.0000	0.4200	0.0000
29	浸漏	0.7980	1.2500	0.0798
30	渗漏	0.0000	0.1000	0.0000
31	地震	0.4600	3.2000	0.4600

用投影寻踪聚类模型进行建设方案决策的基本思路是，先以建设工程前、后与理想环境的所有影响指标为模型输入变量，通过 3 个样本的学习建模得到使得 3 个样本的综合效用值分离度最大的投影寻踪方向，依据投影方向计算投影值 z，然后分别计算建设前、后与理想环境投影值的差值，如果建设工程后的投影值更贴近理想环境的投影值，则认为此工程应该修建，否则应拒绝修建该工程。

由表 9.2 可知，建模时，$n=3$，$m=31$。以环境指标值作为模型输入变量，代入第 4 章的投影寻踪聚类模型，计算表明模型超参数窗宽 R 不影响分类的结果。$R=1$ 时，修建工程前、后以及理想环境的投影值分别为 1.96、2.5、2.86，投影散点分布如图 9.2 所示。

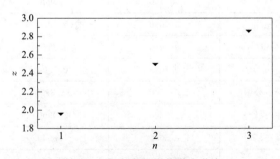

图 9.2   各方案投影值散点分布

图 9.2 中横坐标 1、2、3 分别对应着建设工程前、后以及理想环境，可见建立东江水电工程后，其投影值较建立工程前更贴近理想环境，说明该工程使

环境总体向期望的理想环境发展。参数 $R=1$ 时的投影方向参数及其由大到小的排序结果见表 9.3。

表 9.3 投影方向参数及其排序

因子序号	投影方向参数	排序后的序号	由大到小的投影方向参数
1	−0.039	23	0.479
2	−0.009	15	0.395
3	−0.041	31	0.354
4	−0.039	6	0.321
5	−0.009	11	0.303
6	0.321	9	0.254
7	0.062	24	0.201
8	0.152	10	0.197
9	0.254	16	0.167
10	0.197	14	0.165
11	0.303	20	0.154
12	0.102	8	0.152
13	−0.025	12	0.102
14	0.165	27	0.1
15	0.395	26	0.076
16	0.167	17	0.066
17	0.066	7	0.062
18	0.032	28	0.043
19	−0.024	18	0.032
20	0.154	2	−0.009
21	−0.014	5	−0.009
22	−0.038	21	−0.014
23	0.479	19	−0.024
24	0.201	25	−0.024
25	−0.024	13	−0.025
26	0.076	30	−0.034
27	0.1	22	−0.038
28	0.043	1	−0.039

续表

因子序号	投影方向参数	排序后的序号	由大到小的投影方向参数
29	-0.041	4	-0.039
30	-0.034	3	-0.041
31	0.354	29	-0.041

从表 9.3 中的排序结果来看，排在前 10 位的环境因子有发电（4）、水生植物、地震、BOD_3、降水、总氮、防洪（1）、氟、动物和微生物。根据投影值的计算结果有以下定性分析：当投影方向参数取得大值时，因子的微小变化都将带来投影值的较大变化，影响方案决策结果。尽管根据以上投影方向参数的排序认为，修建工程前后以上 10 个方面的变化都会对工程环境产生显著影响，但还必须进一步结合工程资料进行定性对比分析后，给出工程方案决策结果。

9.2.3   关键问题

采用投影寻踪聚类学习决策方法进行多方案多准则决策建模时，应主要解决下列 4 个方面的问题。

（1）建立决策矩阵。决策矩阵是决策者给出的影响决策的各准则目标指标及其量化值，是构建无监督选择决策的基础，构成决策模型的输入变量。其中各指标的量化值由方案效果确定，每一种量化代表一个方案的各维度效果，可以表示为

$$\boldsymbol{X} = [x_{ij}]$$

其中，i 表示指标编号；j 表示方案编号；x_{ij} 表示第 i 个指标在第 j 个方案的样本值。

（2）决策矩阵的归一化处理。准则指标性质、量纲具有非一致性，则无法对指标的极大好还是极小好做出判别，因而需要确定各个准则指标的效用类型，并采用科学合理的方法对数据做归一化处理，建立单指标效用值的决策矩阵。

（3）指标投影赋权方法。各指标权重确定一直是多准则决策中方案评价优化的难点和重点。主观赋权法的优点是能切合工程实际问题直接确定准则权重，客观赋权的优点是由准则信息反馈数据特征，遵从客观规律。投影寻踪聚类决策的核心在于数据驱动的学习赋权法，利用样本数据来学习优化投影指标

从而实现指标权重学习,优化过程无人为干扰。以投影方向计算指标权重矩阵如下:

$$W = [w_1, \cdots, w_i]$$

其中,i 表示准则指标。

(4) 方案投影值选择策略。在投影寻踪聚类学习的多方案多准则决策中,用投影值作为方案综合效用的度量,根据值的大小来进行决策方案的排序,通常选择投影值大的方案作为最终的决策方案。

9.3 投影寻踪回归学习决策

9.3.1 基本思路

投影寻踪回归学习决策是一种有监督统计学习的方法。其基本思路是收集决策主体的历史决策样本,将决策方案定义为 0、1 输出问题;当学习决策输出值为 1 时选定方案,而决策输出值为 0 时则拒绝方案。以 0、1 作为学习决策模型的输出值 Y,方案准则指标值作为决策矩阵的输入变量 X,就可以采用投影寻踪回归学习方法对方案进行决策。投影寻踪回归学习决策过程如图 9.3 所示,即以决策准则矩阵为输入变量,建立回归模型,记录决策规律,当一个新的方案进入时,代入已经训练好的决策模型根据输出结果进行判别决策。其总体上包括"回归学习+判别决策"两个模块。

下面以投标决策为方法应用对象,用投影寻踪回归学习决策方法构建投标决策模型,展示该方法的建模应用过程,分析建模结果及特点。

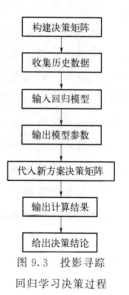

图 9.3 投影寻踪回归学习决策过程

9.3.2 投标决策基础

投标竞争是施工企业获得工程项目的重要途径,面对建筑市场的诸多项目，承包商要谨慎进行项目投标决策。选择合适的投标项目可以帮助承包商获得项目并收获利润，同时获得与客户建立长期、稳固合作关系的机会；否则，承包商将面临浪费公司大量人力、财力和物力的风险，甚至会影响企业的生存和发展[1,2]。因此，如何科学地选择候选项目是许多工程承包企业所关心的问题，是否对某一项目进行投标也是项目运营管理过程中最关键的任务之一[3]。为了帮助管理者做出更好的筛选决策，研究人员开发了一些定量决策模型[4-7]。在使用这些模型时，决策需要考虑自身情况、业主情况、项目情况、竞争对手情况、预期收益等多个维度的影响；此外，每个维度下又包含多项因素，这些因素存在许多不确定性和模糊性[8]，并且因素组合对决策效用影响较为复杂，这些都增加了投标决策的复杂性和难度[9,10]。从决策本质来看，投标/不投标是一种多准则决策问题，需要通过对多因素的综合分析做出投标/不投标的决策。

目前，在建筑工程和管理领域，有多属性方法应用于投标决策问题[11]。Seydel 提出了一种基于层次分析（AHP）的量化方法，当考虑多个属性时，将决策者的偏好纳入投标过程中，对影响投标决策的多个因素进行了加权，基于总效用对备选方案进行排序[12]。Chou 等采用了模糊 AHP 方法进行投标决策，将 AHP 与模糊集理论相结合来确定影响项目成本因素的权重，并通过对影响因素进行加权评分来决定是否投标[13]。Chisala 提出了一种加权（SAW）方法来确定影响因素的重要程度，并在给定的投标情况下对每个潜在项目进行了加权评分[14]。虽然 AHP 法和 SAW 法都简单易懂，但权重的确定通常采用因素的成对比较矩阵，一般由决策者的经验决定，并且不同意见之间需要对同一因素达成共识。此外，由于投标决策中因素和方案的数量较多，这两种方法的使用给计算带来了一定的挑战。这类方法主观性较强，一定程度上会影响投标决策模型的准确性。

此外，一些学者还采取了较为客观的方法进行项目投标决策。Polat[15]、Leśniak 和 Radziejowska[16] 引入了 PROMETHE、PROMETHEE-Ⅱ，根据影响因素从候选方案中选择最适合投标的项目。Huang 等利用 ELECTRE-Ⅱ建立了和谐指数矩阵和非和谐指数矩阵，以便更好地比较方案的优劣程度和差异[17]。然而，上述方法均是基于方案的两两比较来选择更优的方案，而不是将所有方案作为一个整体来看待，对决策信息进行结构化分析。此外，在使用PROMETHE 时需要预先设置一些参数（例如偏好函数和属性权重），这可能会影响备选方案的综合排序。同时，由于计算程序复杂，当项目数量较多时，不宜使用 ELECTRE。投标决策的另一个思路是选择最接近理想项目的方案。Tan 等构建了一个基于 TOPSIS 的模型，通过比较相对贴近系数来帮助承包商选择合适的项目[18]。Wu 等采用了基于改进的灰色 Minkowski-TOPSIS 模型来比较项目，以选择最符合公司战略和公司利益的项目[19]。尽管 TOPSIS 法可以根据投标信息直接处理不同的、相互冲突的因素，但仍需要与其他确定属性权重的方法相结合。

事实上，影响投标/不投标决策的因素非常多，并且因素与决策结果之间存在复杂的关系，目前没有任何通用规则可以直接用于指导整个决策过程[20,21]。因此，有研究者基于历史数据提出了投标决策模型。Lowe 和 Parvar 采用了 Logistic 回归模型（LRM）进行投标决策，对测试项目的分类准确率达到 94.8%[6]。El-Mashaleh 利用了数据包络分析模型对输入和输出因素进行分类，并根据公司过往的投标数据库，帮助承包商参考"有利前沿"做出投标/不投标决策[22,23]。随着计算机技术的发展，为了进一步提高数据驱动决策的效率，一些智能学习方法被广泛应用于投标决策中。Wanous 提出了一个基于人工神经网络（ANN）的模型作为投标决策工具，并通过对 20 个新项目进行投标决策预测，证明了该模型的可行性[24]。Leśniak 应用基于径向基函数的神经网络模型进行投标决策，降低了可能导致决策错误的随机性[25]。Polat 等引入了自适应神经模糊推理系统，该系统通过神经网络学习和模糊逻辑处理一组输入数据，并对新项目进行投标决策[26]。Shi 等开发了一个基于粗糙集和 NPSO-GRNN 神经网络算法的组合投标决策模型[27]。Chou 等采用了一个基于人工智能的模型来支持承包商进行投标决策，该模型提供了比传统方法更可靠的模拟曲线，拟合效果更好[13]。Polat 和 Sonmez 等基于机器分类的思想，通过消除不重要的输入变量，将支持向量机应用在了投标决策。与本书其他方法（即价值评价模型、线性回归和神经网络分类模型）相比，支持向量机成功地提高了泛化性能，但也丢失了一些数据信息[15,28]。

总体而言，上述利用历史数据建立投标决策模型的方法，通过对数据的学习，可以发现输入变量与投标决策之间的内在联系，摆脱了评判过程中的随机性以及专家参与决策的主观性，进而达到了较高的预测精度。此外，数据驱动的决策方法由于在机器学习、容错、并行推理和处理非线性问题能力方面的突出优势，更适合大数据世界。因此，智能学习方法逐渐成为投标决策理论和应用研究的重要方向。然而，在实际应用中需要大量的历史数据来训练、测试和验证这些智能学习模型[29]，承包商也很难搜集到足够的、有意义的实际招投标案例[30]，在有限的时间内可能会导致无法使用模型。决策中的另一个挑战是处理高维数据时的维度灾难[31]，即样本越小，考虑的因素（或指标）越多，分类性能越低，进而给决策模型的参数优化带来挑战。

针对现有投标决策方法的不足和缺乏实际投标案例数据的问题，基于投影寻踪回归学习方法（PPRLM）提出了一种新的建设项目投标决策模型，以期在历史样本较少的情况下实现客观决策，解决投标决策过程中的一些具体问题（即影响因素的非线性、因素关联度高、数据的高维性）。此外，所提出的方法可以看作是对智能学习方法的创新，企业通过挖掘历史投标信息来学习在投标决策过程中的特征、规律，并基于数据驱动对新项目做出更合理、有效的决策，以应对维度灾难的挑战。

9.3.3　投标决策模型

基于投影寻踪回归学习 PPRLM 的决策模型是通过挖掘历史投标项目的数据信息，帮助新项目进行投标决策。该方法的基本框架如图 9.4 所示。在建立的模型中，影响投标项目选择的决策因素和决策结果（投标/不投标）分别被视为输入和输出。在应用建模时，代入从企业收集的有关决策因素与决策结果的历史数据，通过模型学习确定模型参数。对于新的投标决策项目，将其决策因素值输入训练好的模型，计算投标决策结果，进行投标决策。

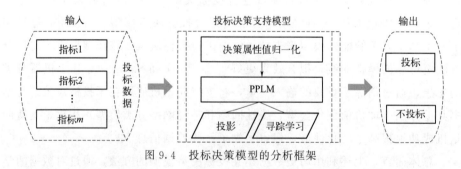

图 9.4　投标决策模型的分析框架

由于输入指标量纲不一致，首先对数据进行归一化处理。PPRLM 涉及两个关键部分，即用于数据降维的投影过程和用于搜寻最佳投影寻踪回归模型的学习过程。下面将详细介绍模型建立的每一部分。

9.3.3.1　决策属性值的归一化

假设投标决策的属性有 m 个，决策矩阵向量表示为 $\boldsymbol{X} = \{\boldsymbol{X}_1, \boldsymbol{X}_2, \cdots,$

$X_j, \cdots, X_m$}，X_j 是表示所有方案关于 j 属性的向量，x_{ij}^0（$i=1,2,\cdots,n$；$j=1,2,\cdots,m$）表示样本 i 关于 j 属性的原始指标值。由于各属性的量纲不同或数值范围相差较大，可采用式（9.7）或式（9.8）对属性进行归一化处理。式（9.7）适用于属性越大越好的变量，式（9.8）适用于属性越小越好的变量。

$$x_{ij} = \frac{x_{ij}^0 - \min(x_j)}{\max(x_j) - \min(x_j)} \tag{9.7}$$

$$x_{ij} = \frac{\max(x_j) - x_{ij}^0}{\max(x_j) - \min(x_j)} \tag{9.8}$$

式中，$\max(x_j)$ 和 $\min(x_j)$ 分别表示第 j 个属性的样本最大值和最小值；x_{ij} 为样本 i 关于 j 属性的归一化值。

9.3.3.2 投影寻踪学习网络建模

投影寻踪学习方法根据有限的历史数据建立了建设项目的投标决策模型，进一步提出投标建议。决策模型包括投影和寻踪两大模块。

第一模块，线性投影。

根据投影寻踪的基本原理，将样本的多项属性值投影到低维空间，可得到反映该样本低维投影的特征值[32]。因此，某工程样本 i 的一维投影特征值定义为

$$z_i = \sum_{j=1}^m \boldsymbol{a}_j^{\mathrm{T}} x_{ij} \quad i=1,\cdots,n \tag{9.9}$$

式中，$\boldsymbol{a}_j^{\mathrm{T}}$ 是投影方向 $\boldsymbol{A}$ 的行向量；m 是属性的数量。

第二模块，寻踪学习。

使 Y 作为投标决策模型的输出变量，描述决策结果与预测方向之间关系的投影寻踪回归模型如式（9.10）所示[33]。在回归模型中选择正交化的 Hermite 多项式函数作为激活函数。

$$\hat{Y} = f(X) + \varepsilon = \sum_{l=1}^L \sum_{r=1}^R c_{lr} h_{lr}(z_i) + \varepsilon \tag{9.10}$$

式中，c_{lr} 是岭函数的系数；岭函数 h_{lr} 是阶数为 R 的变阶正交 Hermite 多项式；L 是岭函数的个数；ε 是偏差项。

为了寻找 PPR 模型的最优参数，在追踪学习中采用了一种基于遗传算法和残差拟合的贪婪策略，避免陷入局部最优，更有效地获得了全局最优解。因此，投影寻踪学习的基本思想是根据基本优化原则，在每个循环周期内确定 PPR 模型的一组投影方向和参数。具体步骤如下：

步骤 1，随机选择 k 个初始投影方向，并针对每个方向，通过优化 PPR 模型的投影方向和参数，找到项目寻踪学习网络的第一个节点。①对所有初始投影方向 A 采用实数编码方法并通过公式(9.9)计算一维投影值 z_i；②对于给定的分布点 (z_i, y_i)，基于式(9.10)采用最小二乘法搜索方程中系数 c_{lr} 的最优值，并得到估计值 $\hat{y}_i$；③目标函数按公式(9.11)计算，表示所有样本中原始值 y_i 和估计值 $\hat{y}_i$ 之间的偏差；④遗传算法的适应度函数计算为 $\frac{1}{Q^2}$。

$$Q = \frac{1}{n} \sum_{i=1}^{n} (y_i - \hat{y}_i)^2 \tag{9.11}$$

步骤 2，根据适应度函数计算编码的适应值，利用遗传算法的三个算子对编码进行杂交、变异和选择，在相应的解空间中产生 $3k$ 个更好的方向解和 PPRLM 模型的相应参数。

步骤 3，根据步骤 1 的公式(9.11)重新计算目标函数。

步骤 4，从目标函数中选择 k 个较小的值，并将 PPRLM 模型的相应参数作为下一代的初始解。

步骤 5，返回到步骤 1 并开始下一个循环的优化，直到满足一定的迭代次数。

步骤 6，选择与目标函数的最小值对应的投影方向 a_j 和系数 c_{lr}，并基于公式(9.12)计算拟合残差为 Y_L。

$$Y_L = Y - \sum_{l=1}^{L-1} \sum_{r=1}^{R} c_{lr} h_{lr}(z_l) \tag{9.12}$$

如果拟合残差满足精度要求，则输出投标决策模型（即 PPRLM 模型）。否则，进入步骤 7。

步骤 7，用当前估计的残差 Y_L 取代实际值 Y，然后回到步骤 1 并开始优化下一个岭函数，直到新的估计值 Y_L 满足精度要求。最后，停止增加岭函数的数量，并输出估计的 PPRLM(a, c) 模型。

9.3.4　应用结果

9.3.4.1　数据来源

本节数据来源于某专门从事海上油气结构工程和制造的公司，以该公司的实际投标数据作为训练样本数据[28]。该公司的商业和项目经理在对类似项目进行投标决策时考虑 8 个变量，如表 9.4 所示。

表 9.4　投标决策变量

变量	内容
x_1	目标一致性
x_2	政治因素
x_3	安全管理能力
x_4	类似项目经验
x_5	与业主的关系
x_6	地理环境因素
x_7	技术水平
x_8	投标价格

该公司的历史投标数据包括 40 个石油和天然气平台制造项目的投标结果。专家采用五点标度法对 40 个项目进行打分，投标决策变量的取值和实际投标结果如表 9.5 所示。

表 9.5　样本数据及投标结果

项目编号	准则变量								投标结果 (1:投标;0:不投标)
	x_1	x_2	x_3	x_4	x_5	x_6	x_7	x_8	
1	5	3	3	5	4	4	5	3	1
2	4	3	3	4	3	3	4	2	0
3	4	2	3	3	4	3	3	4	0
4	5	5	3	5	5	5	3	2	1
5	3	3	3	3	3	4	3	2	0
6	3	2	3	3	4	3	3	3	0
7	3	2	3	2	2	4	2	3	0
8	5	2	3	4	5	4	3	3	1
9	5	3	3	5	5	3	4	3	1
10	2	2	3	3	3	3	3	3	0
11	5	2	3	4	5	3	3	3	1
12	3	3	3	3	2	1	4	2	0
13	3	4	2	2	2	2	4	1	0
14	4	4	3	3	4	4	3	3	1
15	2	3	3	2	3	3	2	2	0

项目编号	准则变量								投标结果（1:投标;0:不投标）
	x_1	x_2	x_3	x_4	x_5	x_6	x_7	x_8	
16	1	3	3	3	3	3	3	2	0
17	2	2	3	2	1	3	2	2	0
18	2	2	3	2	2	2	2	3	0
19	2	3	3	5	4	5	4	4	1
20	2	1	3	2	2	2	2	3	0
21	5	4	3	4	5	5	5	5	0
22	5	4	4	5	4	5	4	3	0
23	2	3	3	5	4	5	4	4	1
24	5	3	3	5	5	3	4	3	0
25	4	4	3	2	4	5	3	3	0
26	3	2	3	3	4	2	4	4	1
27	4	2	3	5	4	3	3	3	0
28	4	5	3	2	4	3	4	1	0
29	4	2	3	5	3	3	3	3	0
30	4	3	3	3	3	3	3	3	0
31	3	2	3	3	4	3	4	3	0
32	3	4	3	2	4	3	2	3	1
33	3	3	3	3	4	3	3	3	0
34	3	2	3	3	3	3	3	3	0
35	2	4	3	2	5	2	2	3	1
36	4	2	3	3	3	1	3	3	0
37	3	3	3	2	2	3	3	3	0
38	2	2	3	2	2	2	3	1	0
39	2	2	3	3	2	2	2	1	0
40	1	4	3	2	5	3	2	3	1

根据表 9.5 可得 28 个投标项目、12 个不投标项目和所有项目各属性的平均值如图 9.5 所示。总体而言，指标值越大，则投标的倾向性越高；投标与不投标的均值具有较明显的界限。然而，对于部分项目（如项目 10 和项目 40），属性值差异不显著，如图 9.6 所示。可以看出，这些指标对投标决策具有非线性的组合效用。

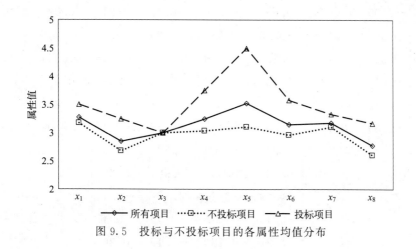

图 9.5　投标与不投标项目的各属性均值分布

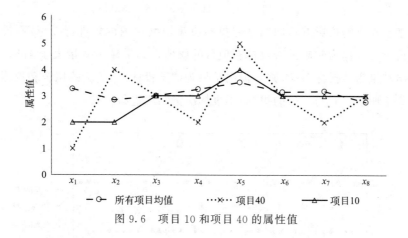

图 9.6　项目 10 和项目 40 的属性值

9.3.4.2　建模结果

下面根据案例数据的特点，采用四折交叉验证法对 PPRLM 的性能进行评价。首先将数据集分成四个子集，每个子集包含 10 个项目；然后，将 30 个样本代入模型进行训练，其余 10 个样本用于测试。每个测试子集的投标决策结果基于 30 个样本数据建立的 PPRLM 的投标决策模型确定。以其中一个实验的结果为例，可以在矩阵中找到投影方向 $\boldsymbol{A} = [a_{ij}]_{6 \times 8}$ 和岭函数系数 $\boldsymbol{C} = [c_{ij}]_{6 \times 4}$ 的最佳值。因此，可以通过数据驱动的模型 $f(X) = \sum\limits_{l=1}^{6} \sum\limits_{r=1}^{4} c_{lr} h_{lr}(\sum\limits_{j}^{8} a_{lj} x_{ij})$ 获得投标决策模型（即最优 PPRLM 模型）。其参数如下：

$$
A = \begin{bmatrix}
-0.09 & -0.3 & 0.65 & -0.16 & -0.48 & 0.25 & 0.02 & -0.41 \\
0.00 & -0.24 & -0.23 & 0.55 & -0.26 & -0.03 & -0.48 & 0.54 \\
0.36 & 0.19 & 0.28 & -0.29 & 0.56 & -0.06 & -0.34 & -0.42 \\
0.65 & 0.32 & 0.16 & -0.33 & -0.18 & 0.52 & 0.05 & -0.20 \\
-0.42 & 0.59 & -0.44 & -0.3 & -0.31 & -0.16 & 0.26 & -0.06 \\
-0.69 & 0.11 & -0.68 & 0.18 & -0.23 & -0.17 & -0.07 & 0.74
\end{bmatrix}
$$

$$
C = \begin{bmatrix}
1.62 & -5.09 & 2.52 & -4.35 \\
0.42 & 0.53 & 0.96 & 0.65 \\
-0.29 & -2.26 & 1.17 & -2.44 \\
-0.43 & -0.3 & -0.49 & -0.47 \\
-0.22 & 0.18 & -0.19 & 0.26 \\
0.44 & -0.16 & -0.18 & -0.34
\end{bmatrix}
$$

基于建立的投影寻踪回归学习投标决策模型对测试集进行投标/不投标决策，设置 1.5 作为判断是否投标新项目的阈值，如果输出变量大于 1.5，则模型输出结果为"投标"；否则，输出结果为"不投标"。实验的拟合和预测结果如图 9.7 所示，并与实际的投标/不投标决策结果进行比较。

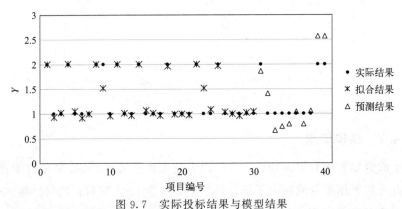

图 9.7   实际投标结果与模型结果

本节选取准确度作为衡量所建模型的拟合和预测性能的指标，可参考式(9.13)。

$$
准确度 = \left(\frac{TP + TN}{TP + TN + FN + FP} \right) \times 100\% \tag{9.13}
$$

式中，真阳性（TP）/真阴性（TN）是被正确预测的投标/未投标项目数，其计算如式(9.14)所示；假阴性（FN）/假阳性（FP）是被预测为未投标/投标项目的投标/未投标项目数，其计算如式(9.15)所示。同时，使用真阳率和假阳率来检验模型在不同投标决策实验的性能。

$$真阳率 = \left(\frac{TP}{TP+FN}\right) \times 100\% \tag{9.14}$$

$$假阳率 = \left(\frac{FP}{TN+FP}\right) \times 100\% \tag{9.15}$$

模型训练及预测结果如图 9.7 所示。结果表明训练集的预测正确率达到100%，模型准确地对测试集中的 10 个项目进行了预测，显示了拟合性能的三个指标（即真阳性率、真阴性率和准确度）达到 100%。此外，经过四次交叉验证后的结果表明，PPRLM 在每次实验中对测试集都达到了 100% 的正确分类（表 9.6）。这表明 PPRLM 模型具有较高的精度，可以用于预测建设项目的投标决策。

表 9.6　投影寻踪回归学习模型（PPRLM）和逻辑回归模型
（LRM）的拟合、预测性能比较讨论与结论

数据集	指标	PPLM	LRM
训练	拟合真阳率	100%	80.23%
	拟合假阳率	100%	94.13%
	拟合准确度	100%	90.00%
测试	预测真阳率	100%	29.17%
	预测假阳率	100%	65.18%
	预测准确度	100%	52.50%

在 Sonmez 和 Sözgen[28] 的研究中，使用了四种不同类型的预测模型来解决本章研究的投标决策问题，即价值评估模型、线性回归模型、神经网络模型和支持向量机模型。结果表明，支持向量机建立的模型对投标项目预测的平均准确率最高，达到 90%。由此可见，本章提出的模型在一定程度上具有较好的辅助投标决策的性能。为了进一步验证该模型，将 PPLM 模型与 Logistic 回归模型（LRM）进行了比较。LRM 是一种在投标决策中广泛使用的方法，能有效地处理二元因变量[6,34]。在所有实验中，使用相同的训练和测试集来建立 LRM，采用四折交叉验证法对 LRM 的性能进行评价，结果如表 9.6 所示。LRM 的拟合真阳率和假阳率分别为 80.23% 和 94.13%，均低于 PPRLM 的相应结果。此外，LRM 的整体拟合准确度达到了 90%。在上述模型的基础上，对 10 个投标案例进行了预测，以验证模型的性能；LRM 整体平均预测准确率为 52.50%，对投标项目的预测准确度很差，真阳率为 29.17%。

在建立基于 PPRLM 和 LRM 的投标决策模型时，选取影响最终投标决策的变量作为输入变量。从理论上讲，模型应该产生与所研究案例的历史数据尽可能一致的投标/不投标决策。虽然 LRM 被广泛用于解决二分类问题，但在

本章中，通过比较训练集和测试集的拟合和预测结果发现，PPRLM 在建设项目投标决策模型方面具有更好的精度。此外，与其他智能学习模型相比，如人工智能模型[35]、神经网络模型[24]、基于回归的仿真模型[13]，PPRLM 以更少的数据样本实现了高精度预测。在数据样本量较小的情况下，基于 PPRLM 的投标决策模型输出的投标/不投标决策能更好地与实际决策结果相吻合。

受多种主客观因素及其相互关系的影响，投标决策问题也更加复杂和困难。投影寻踪回归学习决策模型属于非线性智能学习模型，充分考虑了众多相关因素的不确定性和综合影响，可以帮助承包商进行投标/不投标决策。此外，将 PPRLM 应用于投标决策模型，实现了高维数据特征的提取和数据降维，减少了决策过程中判断的随机性，避免了决策者经验的主观性，使决策结果更加科学合理。因此，基于 PPRLM 的决策模型对投标/不投标项目的预测具有较好的准确度，对于企业发挥竞争优势、改善竞争劣势具有现实意义；同时，PPRLM 可以帮助传统的专家决策向数据驱动决策和智能决策转变。最重要的是，该模型适用于任何建筑公司，因为它是基于公司自己的历史数据集构建的。公司可以通过增加或删除决策属性来定制模型，以满足其投标政策和策略。同时，承包商应随着公司发展战略的变化和实际决策案例的增加，不断维护和更新投标决策模型。为了提高投标决策的效率和准确性，企业有必要建立一个可操作的数据库。综上所述，投影寻踪回归学习投标决策模型具有较强的适应性，可广泛应用于建筑工程业。

投标决策方法及其应用研究是建筑工程和管理领域的重要课题。投标决策是一个高度非结构化的过程，受众多相互关联的属性影响，需要一个系统的工具来帮助承包商在投标的早期阶段做出合理的投标/不投标的决策，这将对承包企业的利润和未来的发展产生重大影响。根据数据驱动的思想，建立了基于 PPRLM 的建设项目投标决策模型。通过实例分析，验证了所建模型的准确度，结果表明预测结果与承包商的实际决策一致。此外，将该方法与其他方法（即 LRM 和支持向量机等）进行了性能比较。结果表明，基于 PPRLM 的决策模型在是否对新项目进行投标的决策中具有较好的拟合和预测效果。

案例建模的主要贡献包括：①提出了一种新的投标决策的智能学习模型，有助于投标决策从传统专家决策向智能化方向发展；②在基于历史投标数据集（特别是小样本）的建模中融入了数据驱动的概念，可以有效地探索基于项目样本的投标决策机制；③创新性地应用 PPRLM 建立投标决策模型，通过降维处理决策属性的高维、非线性数据，进一步分析了各种相关属性对最终投标/

不投标决策的影响；④为研究人员和实践者提高投标决策的效率和准确性提供了有用的工具。

然而，该模型仍存在一定的局限性。PPRLM 模型中岭函数的个数应预先设置，每个岭函数采用同阶多项式，这需要在未来的研究中进一步优化。此外，在案例研究中只使用了一家公司的数据来验证模型的性能，因此未来的研究需要从不同公司收集更多的数据集来进一步验证所提出的方法。投标/不投标问题只从业主或承包商的角度考虑决策属性，属于单边决策问题。在网络平台时代，有必要从业主和承包商两个角度建立匹配标准和方法，以实现智能匹配（也称为双边匹配）[36]。因此，未来的研究可以考虑在大量数据的支持下，利用 PPRLM 来探索投标建设项目的双边匹配决策。

9.4　本章小结

（1）投影寻踪学习决策方法的基本思想是比较选择决策。针对多方案多属性决策问题，当采用投影寻踪聚类学习决策时，比较选择是通过各现状比较方案的线性投影值排序方式来实现的；当采用投影寻踪回归学习决策时，比较选择是通过对决策方案与历史方案的学习结果比较判断来进行的。两者可以使用在不同的决策情景下，为多方案多准则决策提供可选择的方法。这两种方式在现实中具有广泛的应用场景，需要根据决策系统的数据信息特点来进行选择应用。

（2）无论是聚类学习决策还是回归学习决策，都是数据驱动的统计学习决策，是依赖相关准则的相对评价，如满意、期望等的相对决策，特别是在指标归一化时相对性更加突出。总体上，该类决策方法的主观影响少，缺点是需要多准则的历史数据，最好是客观观测值所建立的决策准则。在社会科学中，指标量化往往带有主观性，因此指标量化标准就十分重要，可根据系统发展规律来确定。

参考文献

[1]　Plebankiewicz E，Zima K，Wieczorek D . Life cycle cost modelling of buildings with consideration of the risk [J]. Arch Civ Eng，2016，62（2）：149-166.

[2]　Kumar J K，Raj S V．Bid decision model for construction projects—A review [J]．Mater Today-Proc，2020，22（3）：688-690.

[3]　Li G，Zhang G，Chen C，et al．Empirical bid or no bid decision process in international construction projects：Structural equation modeling framework [J]．J Constr Eng M，2020，146（6）：4020050.

[4]　Dias W P S，Weerasinghe R L D．Artificial neural networks for construction bid decisions [J]．Civ Eng Environ Syst，1996，13（3）：239-253.

[5]　Chua D K H，Li D Z，Chan W T．Case-based reasoning approach in bid decision making [J]．J Constr Eng M，2001，127（1）：35-45.

[6]　Lowe D J，Parvar J．A logistic regression approach to modelling the contractor's decision to bid [J]．Constr Manag Econ，2004，22（6）：643-653.

[7]　Egemen M，Mohamed A．SCBMD：A knowledge-based system software for strategically correct bid/no bid and mark-up size decisions [J]．Automat Constr，2008，17（7）：864-872.

[8]　Oke A，Omoraka A，Olatunbode A．Appraisal of factors affecting bidding decisions in Nigeria [J]．Int J Constr Manage，2020，20（2）：169-175.

[9]　Shash A A．Factors considered in tendering decisions by top UK contractors [J]．Constr Manage Econ，1993，11（2）：111-118.

[10]　Hatush Z，Skitmore M．Evaluating contractor prequalification data：Selection criteria and project success factors [J]．Constr Manage Econ，1997，15（2）：129-147.

[11]　Al-Humaidi H M．Construction projects bid or not bid approach using the fuzzy technique for order preference by similarity FTOPSIS method [J]．J Constr Eng M，2016，142（12）：4016068.

[12]　Seydel J，Olson D L．Bids considering multiple criteria [J]．J Constr Eng Manage，1990，116（4）：609-623.

[13]　Chou J S，Phan A D，Wang H．Bidding strategy to support decision-making by integrating fuzzy AHP and regression-based simulation [J]．Automat Constr，2013，35：517-527.

[14]　Chisala M L．Quantitative bid or no-bid decision-support model for contractors [J]．J Constr Eng Manage，2017，143（12）：4017088.

[15]　Polat G．Subcontractor selection using the integration of the AHP and PROMETHEE methods [J]．J Civ Eng Manage，2016，22（8）：1042-1054.

[16]　Leśniak A，Radziejowska A．Supporting bidding decision using multi-criteria analysis methods [J]．Procedia Eng，2017，208：76-81.

[17]　Huang D，Ke L．Application of ELECTRE-Ⅱ on bid evaluation in construction engineering [C]．Nanjing：2012 IEEE Fifth International Conference on Advanced Computational Intelligence，2012.

[18]　Tan Y T，Shen L Y，Langston C，et al．Construction project selection using fuzzy TOPSIS approach [J]．J Model Manage，2010，5（3）：302-315.

[19]　Wu Y，Bian Q．The research on bidding decision-making for electric power construction

enterprises—Based on the improved grey Minkowski-TOPSIS model [J]. Technoeconomics & Management Research, 2013, 4: 12-16.

[20]　Shi H. ACO trained ANN-based bid/no-bid decision-making [J]. International Journal of Modelling Identification & Control, 2012, 15 (4): 290-296.

[21]　Shafahi A, Haghani A. Modeling contractors' project selection and markup decisions influenced by eminence [J]. Int J Proj Manag, 2014, 32 (8): 1481-1493.

[22]　El-Mashaleh M S. Decision to bid or not to bid: a data envelopment analysis approach [J]. Can J Civil Eng, 2010, 37 (1): 37-44.

[23]　El-Mashaleh M S. Empirical framework for making the bid/no-bid decision [J]. J Manage Eng, 2013, 29 (3): 200-205.

[24]　Wanous M, Boussabaine H, Lewis J. A neural network bid/no bid model: The case for contractors in Syria [J]. Constr Manage Econ, 2003, 21 (7): 737-744.

[25]　Leśniak A . Supporting contractors' bidding decision: RBF neural networks application [C]. Rhodes: 2015 International Conference of Numerical Analysis and Applied Mathematics, 2016.

[26]　Polat G, Bingol B N, Uysalol E . Modeling bid/no bid decision using adaptive neuro fuzzy inference system (ANFIS): A case study [C]. Atlanta: 2014 Construction Research Congress, 2014.

[27]　Shi H, Yin H, Wei L. A dynamic novel approach for bid/no-bid decision-making [J]. SPRINGERPLUS, 2016, 5: 1589.

[28]　Sonmez R, Sözgen B. A support vector machine method for bid/no bid decision making [J]. J Civ Eng Manage, 2017, 23 (5): 641-649.

[29]　Marzouk M, Mohamed E. Modeling bid/no bid decisions using fuzzy fault tree [J]. Constr Innov, 2018, 18 (1): 90-108.

[30]　Hwang J S, Kim Y S. A bid decision-making model in the initial bidding phase for overseas construction projects [J]. KSCE J Civ Eng, 2016, 20 (4): 1189-1200.

[31]　Friedman J H, Tukey J W. A projection pursuit algorithm for exploratory data analysis [J]. IEEE Trans Comput, 1974, 23 (9): 881-890.

[32]　Quintian H, Corchado E. Beta hebbian learning as a new method for exploratory projection pursuit [J]. Int J Neural Syst, 2017, 27: 17500246.

[33]　Hwang J N, Lay S R, Maechler M, et al. Regression modeling in back propagation and projection pursuit learning [J]. IEEE T Neural Network, 1994, 5 (3): 342-353.

[34]　Aznar B, Pellicer E, Davis S, et al. Factors affecting contractor's bidding success for international infrastructure projects in Australia [J]. J Civ Eng Manag, 2017, 23 (7): 880-889.

[35]　Chou J, Lin C W, Phan A D, et al. Optimized artificial intelligence models for predicting project award price [J]. Automat Constr, 2015, 54: 106-115.

[36]　Ding X, Sheng Z, Liu H. A two-stage method for mega projects bidding system based on fuzzy analytic hierarchy process and gale-shapely strategy [J]. Chinese J Manage Sci, 2017, 25 (2): 147-154.

结　语

　　本书内容是从工程应用的角度出发，展现了智能优化算法融入投影寻踪方法后形成的耦合学习方法的拓展及应用成果，重点揭示了多种方法嵌入式耦合的逻辑及其应用的转化思路，致力于推动在多方法与现实问题耦合情景下的数据科学技术发展。

　　从耦合思维的视角，在投影寻踪耦合方法研究中提炼了包括原理、路径及模型的一般耦合自然规律，主要理论成果有：投影寻踪耦合原理、投影寻踪耦合路径和投影寻踪耦合模型。

　　基于多元统计方法基础，针对高维数据，完成了投影寻踪耦合学习方法的多角度研究，主要耦合学习方法成果有：投影寻踪检验、投影寻踪聚类、投影寻踪判别和投影寻踪回归，以及特别需要强调的函数型投影寻踪数据分析方法。

　　从方法应用的角度，将不同类型现实问题进行了理论转化，分别给出了多个投影寻踪耦合学习方法在水文水资源、工程与环境等领域的建模应用，主要应用成果有：水资源评价及预测评价、水环境评价与判别、工程投标决策等应用场景。

　　尽管本书从理论与实践两个层面给出了投影寻踪耦合思维范式、典型方法及其应用，但本书内容仍存在进一步改进的空间。在理论方面，方法的理论证明与优选还需深入研究，多元化耦合机理仍需深入探索；在应用方面，虽然给出了一些现实数据的建模实例，但数据规模特点与高维性存在一定的差距，投影寻踪耦合学习方法在高维甚至超高维的建模应用效果急需验证，另外，该方法成熟度、最优耦合准则等方面的研究都有待进一步深入推进。

　　海量数据和学习方法给了我们理性认知与决策的工具，与来自人类的感性认知和直觉再耦合，即人机耦合与智能耦合才是耦合研究的方向。